生物学理科基础人才培养基地教材

现代遗传学实验

主　编　朱睦元　王君晖

副主编　韩　凝　边红武　潘建伟

ZHEJIANG UNIVERSITY PRESS

浙江大学出版社

图书在版编目(CIP)数据

现代遗传学实验/朱睦元,王君晖主编. —杭州：浙
江大学出版社,2009.5
ISBN 978-7-308-06573-3

Ⅰ.现…　Ⅱ.①朱…　②王…　Ⅲ.遗传学－实验－高
等学校－教材　Ⅳ.Q3

中国版本图书馆 CIP 数据核字(2009)第 018795 号

现代遗传学实验

朱睦元　王君晖　主编

责任编辑	沈国明
封面设计	刘依群
出版发行	浙江大学出版社
	（杭州天目山路 148 号　邮政编码 310028）
	（网址：http://www.zjupress.com)
排　　版	杭州大漠照排印刷有限公司
印　　刷	德清县第二印刷厂
开　　本	787mm×1092mm　1/16
印　　张	10.75
字　　数	260 千字
版印　次	2009 年 5 月第 1 版　2009 年 5 月第 1 次印刷
书　　号	ISBN 978-7-308-06573-3
定　　价	18.00 元

Preface 前言

　　多年以来,我们遗传学课程组一直想编一本关于遗传学实验的书。在 2008 北京奥运会隆重举办、中国队成绩喜人之际,这本书终于完成了。

　　我们编写本书的目标有两个:第一,它既可以在本科生实验教学环节中作为教材(要有可操作性),也能够在同学们以后的学习和工作中作为工具书(要有全面性和前沿性)。如果同学们在上完遗传学实验课程后,舍不得把书丢掉,在工作和深造中还能用到它,那么我们的这个目的就达到了。第二,突出模式生物在现代遗传学研究中的应用。模式生物是指在人们在研究生命现象过程中长期、反复作为研究材料的物种,从这些物种研究中得出的许多生命活动规律往往代表了许多物种共同的规律。近年来,许多模式生物的基因组全序列被测定,它们作为生物学实验材料的优越性得到了更充分的体现,使基础生物学研究进入一个全新的功能基因组时代和蛋白质组时代。

　　围绕这两个目标,本书的内容分成两大部分。第一部分是我们多年来开设的遗传学实验以及近年在教学改革中新增加的实验。在总共 36 个实验中,以果蝇和拟南芥为材料的实验共 16 个,以酵母和大肠杆菌为材料的实验共 8 个,医学和人类遗传学实验共 6 个,其他实验共 6 个。第二部分阐述遗传学研究中的重要工具和研究资源。工具部分重点介绍了 PCR 实验技术、重组克隆技术和染色体步行技术,等等;资源部分重点介绍各个模式生物的 DNA、突变体和生物信息学资源。

　　我们课程组的前身是原杭州大学生物系的遗传教研室,从 20 世纪七十年代末期就开始设立遗传学实验课程,所编写的遗传学实验讲义几经修订,不仅供本校师生使用,也在在浙许多高校中广为流传。前辈老师们所打下的基础使我们受益匪浅,同时也激励我们要把他们的经验和我们的体会整理出来。在本书编写过程中,我们还特邀了浙江大学生物化学研究所的金勇丰教授编写 RNA 编辑部分,金文涛老师提供了部分实验材料和数据。另外,我们课程组的很多研究生也参加了本书的编工作。杨燕君、鲍烈明、朱宇斌和金炜元等同学参加了遗传学工具部分的一些编写工作;林二培、邓敏娟、陈哲皓、李璇、鲍烈明、谢亚坤和佘文静等同学参加了遗传学研究资源部分的一些编写工作。我们向所有为本书编写工作付出辛勤劳动的师生表示衷心的感谢。

　　由于我们能力和水平的限制,书中错误一定不少,恳请同行和使用本书的同学们批评指正。同时,欢迎省内外同行采用本书作为遗传学实验教材,我们会竭力提供相关实验材料。

编　者

2009 年 3 月　于浙江大学紫金港校区

Contents 目录

下篇　工具和资源部分

上篇　实验操作部分

果蝇系列实验

黑腹果蝇(*Drosophila melanogaster*)是一种双翅目昆虫,是遗传学、生理学、进化学等生物学研究中一种重要的模式生物。

果蝇之所以成为生物学研究,特别是遗传学和发育生物学研究的重要材料,是因为它具有以下特点:

- 个体小,在实验室条件下易于培养;
- 生长周期短(约 2 周),繁殖能力强;
- 幼虫唾腺组织中形成巨大的唾腺染色体,染色体上的膨突(puff)暗示着转录和基因活性所在的区域;
- 只有 4 对染色体,其中 3 对常染色体和 1 对性染色体;
- 雄性果蝇不发生减数分裂重组,便于进行遗传学研究;
- 果蝇遗传转化的技术已经十分成熟;
- 基因组测序工作于 2000 年完成。

哈佛大学的伍德文斯(Charles W. Woodworth)是第一个大量培养果蝇的科学家。1910 年开始,遗传学家摩尔根(Thomas Hunt Morgan)以果蝇为材料开展了一系列遗传学研究工作,并和他的同事一起扩展了孟德尔的工作,揭示了 X-连锁的遗传规律。这一工作不仅证明基因位于染色体上,同时促使了染色体遗传图谱的诞生。果蝇染色体的第一张遗传图由斯图尔特(Alfred Sturtevant)完成。因为实验室的开创性成就,摩尔根等人获得了 1933 年诺贝尔生理学或医学奖。

果蝇基因组包含 4 对染色体,其中 3 对常染色体(以 2,3,4 编号)和 1 对性染色体。果蝇的基因组测序工作于 2000 年完成,其序列在果蝇数据库 FlyBase database (http://flybase.bio.indiana.edu/)上可搜索到。果蝇基因组大小为 120Mb,包含约 13,767 个蛋白质编码基因,约占基因组的 20%。与人类不同,果蝇的性别由 X 染色体与常染色体组数的比例决定。

果蝇基因一般依据突变导致的表型来命名,例如某一基因缺失导致突变体胚胎不能发育成心脏,科学家则将其命名为铁人(tinman)。约 75% 的已知人类疾病基因与果蝇基因有一定的相似性,50% 的果蝇蛋白质序列与哺乳动物相关蛋白同源。果蝇已被用于一些人类疾病包括帕金森症、亨廷顿症、小脑共济失调和阿尔茨海默病等神经退化疾病的遗传学研究,同时也可作为衰老和氧化胁迫、免疫、糖尿病、癌症、药物滥用分子机制研究的模式材料。

此外,果蝇是发育遗传学、行为遗传学和神经科学研究的重要模式系统之一。1995 的诺贝尔生理学或医学奖就颁给了 Edward B. Lewis,Christiane Nüsslein-Volhard 和 Eric F. Wieschaus 等三位科学家,因为他们在果蝇早期胚胎发育的遗传调控机制研究中的突破性成就。

实验一　果蝇的饲养、雌雄鉴别和性状观察

一、实验目的

1. 了解果蝇的生活史、培养方法及研究概况。

2. 掌握果蝇麻醉的方法。

3. 学习雌雄果蝇的鉴别方法,观察不同品系果蝇的性状,从而为进行果蝇遗传学试验做好准备。

二、实验原理

黑腹果蝇(*Drosophila melanogaster*)是生物学研究中的一种重要的模式生物。约在1909 年,摩尔根就开始以果蝇作为材料进行遗传学实验,解决了一系列重大的遗传学问题。

果蝇作为遗传材料具有很多突出的优点：染色体数目少,$2n=8$;具有许多可遗传的突变性状;世代周期短,在 25℃下约 9～10 天就完成一个世代;个体小,易于饲养,费用低廉;繁殖能力强,一次杂交可产生大量后代供统计分析。

果蝇为昆虫纲双翅目昆虫,其生活史包括卵—幼虫—蛹—成虫四个阶段,属完全变态的昆虫(图 1-1)。果蝇也和大多数动物一样,有最低、最高和最适生长温度,20℃～25℃是果蝇的最适生长温度,30℃以上则引起不育或出现不正常的形态。

果蝇的食物主要是酵母,凡是能使酵母发酵的基质都能作为培养基,其中最常用、效果最好的是玉米粉培养基。

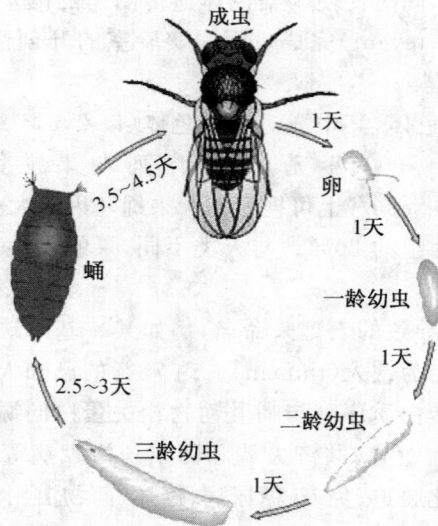

图 1-1　果蝇的生活周期

三、实验准备

1. 材料：5 个品系的果蝇。

2. 试剂：乙醚、果蝇培养基。

3. 器具：果蝇培养瓶、玻璃麻醉瓶、毛笔、瓷板、海绵板、显微镜、电炉、恒温培养箱。

四、实验步骤

1. 果蝇生活史观察

卵 成熟的雌蝇交尾后(2～3天)将卵产在培养基的表层。用解剖针的针尖在果蝇培养瓶内沿着培养基表面挑取一点培养基，将其置于载玻片上，然后滴上 1 滴清水，用解剖针将培养基展开后，放在显微镜低倍镜下进行仔细观察。果蝇的卵为椭圆形，长约 0.5 mm，腹面稍扁平，前端伸出的触丝可使卵附着在培养基表层而不陷入深层。

幼虫 果蝇的受精卵经过一天的发育即可孵化为幼虫。幼虫在培养基内及瓶壁上都有，培养基内的幼虫一般要小一些。这是因为果蝇的幼虫从一龄幼虫开始经两次蜕皮，形成二龄和三龄幼虫，随着发育而不断长大，三龄幼虫往往爬到瓶壁上来化蛹，其长度可达 4～5 mm。幼虫一端稍尖为头部，黑点处为口器。幼虫在培养基内和瓶壁上蠕动爬行。

蛹 幼虫经过 4～5 天的发育开始化蛹。一般附着在瓶壁上，颜色淡黄。随着发育的继续，蛹的颜色逐渐加深，最后为深褐色。在瓶壁上看到的几乎透明的蛹，是羽化后遗留的蛹的空壳。

成虫 刚羽化出来的果蝇虫体较长，翅膀未完全展开，体表未完全几丁质化，所以呈半透明乳白色。随着发育，身体颜色加深，体表完全几丁质化。羽化出来的果蝇在 12 h 后开始交配，成体果蝇在 25℃条件下的寿命为 37 天。

2. 果蝇的麻醉

在进行杂交和子代观察、统计时需对果蝇进行麻醉。操作要点：拔去麻醉瓶小口上的橡皮塞，滴入数滴乙醚(注意不能太多，以免乙醚流入瓶内)，再塞上橡皮塞。将果蝇培养管在海绵板上敲击几下，拍打管壁，使果蝇集中在底部。然后迅速拔去培养管棉塞，插入麻醉瓶大口，轻轻拍打培养管，使果蝇全倒入麻醉瓶，然后迅速盖上麻醉瓶的盖子。麻醉到一定程度后，将果蝇倒在白瓷板上。当果蝇翅膀上翘 45°时，表示已经死亡。

3. 果蝇突变性状的观察(表 1-1,1-2)

表 1-1　5 个品系果蝇的性状

品　系	眼　色	翅　膀	刚　毛	体　色
野生型	红	长翅	直	灰
残　翅	红	残翅	直	灰
小　翅	白	小翅	焦刚毛	灰
黑檀体	红	长翅	直	黑檀体
白　眼	白	长翅	直	灰

表 1 - 2　果蝇的一些突变性状及其相关基因

突 变 型	基因符号	表现特征	基因所在染色体
白 眼	w	复眼白色	X
棒 眼	B	复眼条形,小眼数少	X
褐色眼	bw	复眼褐色	Ⅱ
猩红眼	st	复眼猩红色	Ⅲ
黑檀体	c	身体乌木色	Ⅲ
黄 体	y	身体浅橙黄色	X
焦 毛	sn^3	刚毛卷曲烧焦状	X
黑 体	b	颜色比黑檀体深	Ⅱ
匙形翅	nub^2	翅小匙状	Ⅱ
残 翅	vg	翅退化,不能飞	Ⅱ
翻 翅	cy	翅向上翻卷,纯合致死	Ⅱ
小 翅	m	翅膀短小,不超过身体	X

4. 雌雄果蝇的鉴别(表 1 - 3)

表 1 - 3　雌雄果蝇的特征比较

性 别	体 型	腹部末端	背部条纹	性 梳
♀	大	无色、端尖	7 条(肉眼可看见 5 条)	无
♂	小	黑色、钝圆	5 条(肉眼可看见 3 条)	有

注:性梳为雄果蝇前肢第 5 节附节上 10 根像梳子的棕毛(图 1 - 2)。

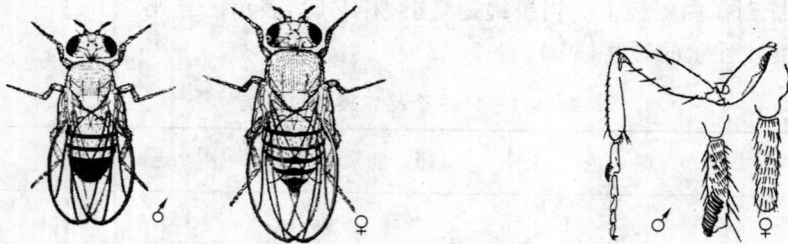

图 1 - 2　雌雄果蝇及雄果蝇的性梳

5. 果蝇培养用玉米粉培养基的配制

(1) 将 80 ml 水、2 g 琼脂和 13 g 蔗糖放在大烧杯中煮沸。

(2) 将 80 ml 水、17 g 玉米粉和 1.4 g 酵母粉,装在小烧杯中调匀。

(3) 待大烧杯中琼脂融化后,将小烧杯中调匀的混合液倒入,烧开。

(4) 大烧杯中加入 1 ml 丙酸。

(5) 每一试管分装 1.5~2 cm 高度(5~10 ml)的培养基,注意请勿将培养基碰到管壁。

五、实验记录与思考

1. 记录培养管中果蝇的性状及雌雄个体的数目。

管　号	眼　色	翅　型	体　色	刚　毛	雌雄个数

2. 除果蝇外,请再列举几种遗传学研究中常用的动物、植物和微生物,并写出它们的拉丁文学名。

实验二 果蝇单因子和双因子杂交实验

一、实验目的

1. 掌握果蝇杂交的实验方法。
2. 通过实验验证分离规律和自由组合规律。
3. 学习运用生物统计的方法对实验数据进行处理分析。

二、实验原理

1. 单因子试验

一对基因在杂合状态中保持相对独立性,而在形成配子时,又按原样分离到不同的配子中去。理论上配子分离比是 $1:1$,子二代基因型分离比是 $1:2:1$。若显性完全,子二代表型分离比为 $3:1$。

单因子试验选用野生型长翅(＋＋)与突变体残翅(vgvg)的果蝇为亲本,研究一对相对性状的遗传规律。野生型果蝇(＋＋)的双翅是长翅,翅长过尾部。残翅果蝇(vg vg)的双翅几乎没有,只有少量残痕,无飞翔能力。vg 的基因座位是第二染色体 67.0,长翅对残翅显性完全。

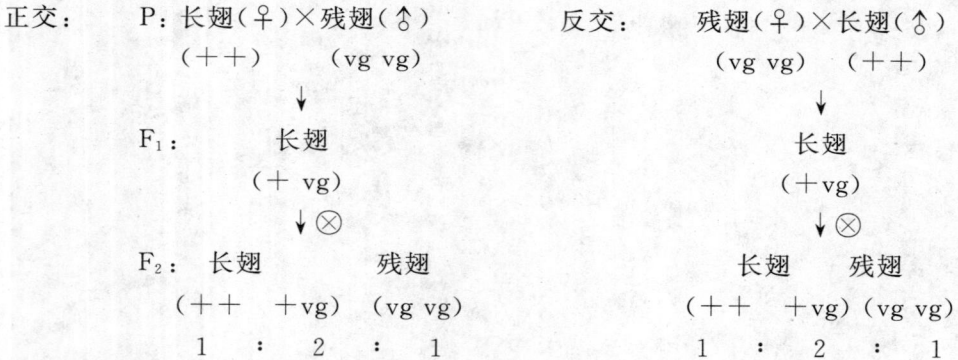

正交： P：长翅(♀)×残翅(♂)   反交： 残翅(♀)×长翅(♂)
           (＋＋)   (vg vg)   (vg vg)   (＋＋)
                    ↓   ↓

F_1：   长翅   长翅
           (＋ vg)   (＋vg)
                  ↓⊗   ↓⊗

F_2： 长翅   残翅   长翅   残翅
     (＋＋ ＋vg) (vg vg)   (＋＋ ＋vg) (vg vg)
       1 : 2 : 1   1 : 2 : 1

2. 双因子试验

位于非同源染色体上的两对基因,它们所决定的两对性状在杂种第二代是自由组合的。根据孟德尔第二定律,一对基因的分离与另一对基因的分离是独立的,所以一对基因所决定的性状在杂种第二代是 $3:1$ 之比,而两对不相互连锁的基因所决定的性状,在杂种第二代就呈 $9:3:3:1$ 之比。

双因子试验采用的材料是长翅黑檀体果蝇和残翅灰身果蝇。野生型果蝇体色为灰色,黑檀体果蝇(ee)体色为乌黑。ebony(e)位于第三条染色体上,而 vg 位于第二条染色体上。通过对杂交后代翅形和体色这两对性状的观察,经数据处理,验证杂种第二代的分离比是否符合 $9:3:3:1$ 的比例。

P:　　　　　　长翅黑身　×　残翅灰身

　　　　　　　＋＋ee　　　vgvg＋＋

↓

F₁:　　　　　　　长翅灰身

　　　　　　　　＋vg＋e

↓⊗

F₂:长翅灰身　　长翅黑身　　残翅灰身　　残翅黑身

　　－_+_　　　+_e e　　　vgvg+_　　vgvgee

　　　　9　　：　　3　　：　　3　：　　1

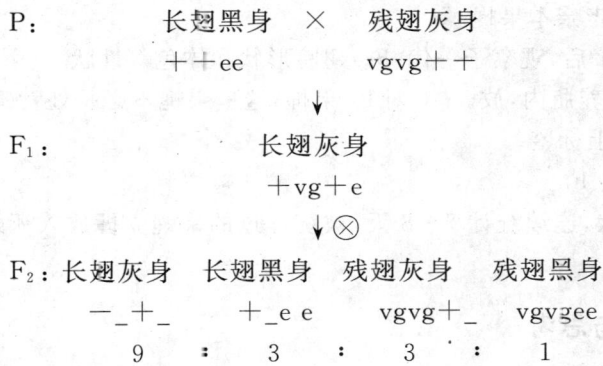

3. 果蝇杂交实验的基本步骤

(1) 挑选处女蝇

将雌雄果蝇放在一起培养,雌蝇的生殖器中有贮精囊,可保留交配所得的大量精子,雌蝇一次交配所得的精子,足够它多次排出的卵受精,因此在做杂交试验时,雌蝇必须选用处女蝇(没有交配过的雌蝇)。雌蝇羽化后 12 h 内不会交配,这个时段内收集的雌蝇是处女蝇。

(2) 配制杂交组合

杂交时把所需品系的雄蝇直接改到处女蝇培养瓶中,贴好标签,注明两亲本的基因型及交配日期,进行培养。7~8 天后倒掉亲本(一定要倒干净,以免亲代和子代混淆),待 F₁ 成蝇羽化后开始计算,观察性状。可靠的计数及观察是培养开始的 20 天以内(再晚 F₂ 也可能有了)。若需继续实验观察 F₂,可在 F₁ 内挑出雌雄数对另外培养。因为这次是用 F₁ 作亲本,进行个体间互交,所以这时不是处女蝇也可以。但如要把 F₁ 雌蝇与另一品系雄蝇杂交时,还是要严格地选取处女蝇。

(3) 杂交后代的性状观察及实验数据的统计分析。

三、实验准备

1. 材料:野生型果蝇、残翅果蝇、黑檀体果蝇。

2. 试剂:果蝇培养用玉米粉培养基、乙醚。

3. 器具:双筒解剖镜、麻醉瓶、果蝇培养瓶、毛笔、白瓷板、恒温培养箱。

四、实验步骤

1. 选取杂交试验的亲本,进行杂交。在杂交管上贴上标签,标注亲本、交配日期与实验者姓名。

单因子试验:以残翅果蝇(vgvg)和野生型果蝇(＋＋)为亲本,进行杂交,分正交和反交两种组合,作为母本者必须为处女蝇。

正交:＋ ＋(♀)×vgvg(♂)

反交:vgvg(♀)×＋－(♂)

双因子试验:选择残翅灰身和长翅黑檀体果蝇作亲本,正交和反交各做一组,作母本者必须是处女蝇。

正交:残翅灰身 vgvg ＋＋(♀)×长翅黑檀体＋＋ee(♂);

反交:长翅黑檀体＋＋ee(♀)×残翅灰身 vg vg＋＋(♂)。

2. 7～8 天后,移走亲本果蝇。

3. 待 F_1 成虫出来后,观察子一代(F_1)翅膀形状和体色等性状。

4. 在一个新鲜培养瓶内,放 5～6 对 F_1 果蝇,这里果蝇不必是处女蝇(请思考为什么?),正交和反交各一瓶贴上标鉴。

5. 7～8 天后移去 F_1。

6. F_2 代统计性状,连续统计 7～8 天,被统计过的果蝇立即放入死蝇盛器中。填表,并进行 χ^2 测验。

五、实验记录与思考

1. 单因子试验

F_2 表型的统计

实验结果　　　统计日期	正　交		反　交	
	长翅	残翅	长翅	残翅
合　计				

χ^2 测验

	长　翅	残　翅	合　计
实际观察数(O)			
理论数(3∶1)(E)			
偏差($O-E$)			
$(O-E)^2/E$			
自由度=$n-1=$		$\chi^2=$	

2. 双因子试验

F_1 表型的统计

观察结果　　　统计日期	＿＿＿＿(♀)×＿＿＿＿(♂)			
	灰身残翅	灰身长翅	黑檀体残翅	黑檀体长翅

F₂ 表型的统计

统计日期 ＼ 观察结果	＿＿＿＿（♀）×＿＿＿＿（♂）			
	灰身残翅	灰身长翅	黑檀体残翅	黑檀体长翅
合　计				

F₂ 统计结果的 χ^2 测验

	灰身残翅	灰身长翅	黑檀体残翅	黑檀体长翅
实际观察数（O）				
理论数（E）				
偏差（$O-E$）				
$(O-E)^2/E$				

自由度 $= n-1 =$

$\chi^2 = \sum (O-E)^2/E =$

3. 根据实验结果，请说明实际结果与理论结果是否吻合。若不吻合，请给出可能的解释。

实验三　果蝇的伴性遗传

一、实验目的

1. 了解 X 连锁性状的遗传特点。
2. 通过实验验证伴性遗传的分离比。

二、实验原理

　　性染色体上基因所控制的性状在遗传方式上与常染色体上基因有所不同,性染色体基因随性染色体而传递,所以它们所决定的性状与性别相联系,这种遗传方式被称为伴性遗传。

　　本实验用红眼果蝇和白眼果蝇为材料,通过对杂交后代眼色的观察,了解伴性遗传与常染色体遗传的区别。红眼与白眼是一对相对性状,分别由 X 染色体上的基因 X^+ 和 X^w 决定,X^+ 相对于 X^w 是显性,因为雌蝇的性染色体组成是 XX,雄性的性染色体组成是 XY,而 Y 染色体没有相对应的基因,所以红眼果蝇与白眼果蝇杂交时,正交与反交的结果不同。

正交　　　　　　　　　　　　　　　　　　　　反交

P	红眼(♀)	白眼(♂)		P	白眼(♀)	红眼(♂)
	X^+X^+	× X^wY			X^wX^w	× X^+Y
	↓				↓	
F_1	X^+X^w	× X^+Y		F_1	X^+X^w	× X^wY
	红眼♀	红眼♂			红眼♀	白眼♂
	↓				↓	
F_2	X^+X^+ 红眼♀	X^+Y 红眼♂		F_2	X^+X^w 红眼♀	X^+Y 红眼♂
	X^+X^w 红眼♀	X^wY 白眼♂			X^wX^w 白眼♀	X^wY 白眼♂

三、实验准备

1. 材料:野生型和白眼果蝇。
2. 试剂同实验二。
3. 器具同实验二。

四、实验步骤

　　1. 以红眼和白眼果蝇作亲本,正反交各一瓶,作母本的必须是处女蝇。正交:红眼♀×白眼♂。反交:白眼♀×红眼♂。贴上标签,杂交瓶放在 25℃ 温箱中培养。

　　2. 7～8 天后,倒去亲本。

　　3. 再过 4～5 天后,F_1 成蝇出现,观察 F_1 代眼色。

　　4. 把 F_1 雌雄果蝇互交,正反交分别在培养瓶中杂交,置 25℃ 温箱培养。

　　5. 7～8 天后,倒去 F_1 代果蝇。

　　6. 再过 4～5 天后,F_2 代成蝇出现,麻醉后倒在白瓷板上观察眼色,鉴别雌雄果蝇。

7. 再隔 2~3 天,统计一次。

五、实验记录与思考

1. F_2 表型统计

正 交

统计日期	各类果蝇的数目			
	红眼♀	白眼♀	红眼♂	白眼♂
合 计				

反 交

统计日期	各类果蝇的数目			
	红眼♀	白眼♀	红眼♂	白眼♂
合 计				

2. 进行 χ^2 测验,解释你所得到的结果。

3. 思考题:伴性遗传和常染色体遗传有什么不同?

实验四　果蝇的三点测验

一、实验目的

1. 学习运用三点测交试验绘制遗传学图的原理。
2. 通过实验，验证基因在染色体上呈直线排列，并绘出遗传学图。

二、实验原理

三点测验可以通过一次杂交实验同时确定 3 个连锁基因在同一染色体上的相对位置。其方法是：先将含 3 个待测基因的三隐性纯合体与野生型果蝇杂交，得到 F_1 三杂合体，再以 F_1 杂合体与相应的三隐性纯合体测交。由于测交后代的表现型反映的实际上是 F_1 代的配子类型，因而可以根据测交结果统计发生交换的个体数，推算出交换值，以确定基因间距离和相对顺序，绘制连锁图。在连锁图上，基因的距离以 m. u. (genetic map unit) 或 cM(cent Morgan)表示。交换值为 1％，即表示基因间距离为 1 m. u. 。

本实验中三隐性个体的表型是小翅、白眼、焦刚毛，由位于 X 染色体上的三个隐性基因 m、w 和 sn^3 决定。野生型个体是长翅、红眼和直刚毛，决定这些性状的相应基因是＋＋＋（＋＋＋表示三个野生型基因）。现把三隐性个体（m sn^3 w）与野生型杂交，取 F_1 代雌蝇（三杂合体），与三隐性雄蝇测交后，观察后代的表型，统计数据，然后填表和计算。如图 4-1 所示。

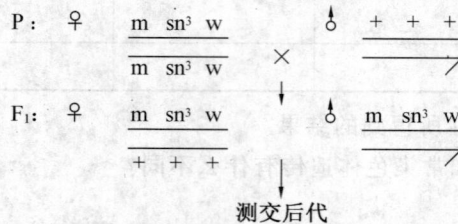

图 4-1　三点测交示意图

得到的测交后代中多数个体表型与亲本相同，同时也会出现少量与亲本不同的个体，称重组型。重组型是基因间发生交换的结果（见图 4-2）。

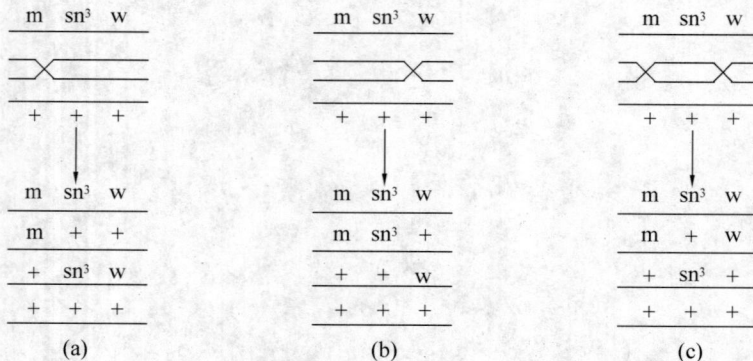

图 4-2　三杂合体的 8 种不同配子产生的示意图

在连锁的三对基因中，交换可发生在 m－sn^3 间(a)，也可发生在 sn^3－w 之间(b)，或者同时发生在 m－sn^3 间和 sn^3－w 间(c)，总共可产生 8 种不同的配子。而子一代雄蝇是三隐性个体，所以 F_1 代测交后，可得八种表型的后代。根据八种表型的相对频率，可以计算重组值，并确定基因间的排列顺序。

如果两个基因间的单交换并不影响邻近两个基因的单交换，那么预期的双交换频率应等于两个单交换频率的乘积，但实际上观察到的双交换频率往往低于预期值。因为每发生一次单交换，它邻近基因也发生一次交换的机会就减少些，这叫做干涉，一般用并发率来表示干涉的大小。

$$并发率=\frac{观察到的双交换频率}{两个单交换频率的乘积}\times 100\%$$

$$干涉值=1-并发率$$

三、实验准备

1. 材料：野生型和三隐性(白眼、小翅、焦刚毛)果蝇。
2. 试剂同实验三。
3. 器具同实验三。

四、实验步骤

1. 以三隐性个体(小翅、白眼、焦刚毛)和野生型果蝇作实验材料。以三隐性果蝇为母本，在实验前收集处女蝇在培养瓶中，每瓶 5～6 只。
2. 把野生型雄蝇挑出，放在盛有处女蝇的培养管中进行杂交，贴好标签，25℃培养。
3. 7～8 天后，倒去亲本。
4. 再 4～5 天后，子一代成蝇出现，进行观察。F_1 雌蝇表型全部是野生型，雄蝇全部都是三隐性。
5. 从 F_1 代中选 10 对左右的果蝇放到培养试管中，在 25℃中培养，这里雌蝇不需是处女蝇。
6. 7～8 天后倒去亲本。
7. 再 4～5 天后，F_2 代成蝇出现，开始观察。将果蝇麻醉，倒在白瓷板上，首先把果蝇按眼色翅形分为四类，即白小、白长、红小、红长，然后在显微镜下逐个检查蝇的刚毛，把以上四类果蝇，每类再分为直刚毛和卷刚毛，统计过的果蝇处死倒掉。过 2 天再检查第二批，连续检查 8～10 天。在 25℃条件下，自第一批果蝇孵化出 10 天内统计是可靠的，再迟时 F_3 代可能会出现了。要求至少统计 250 只果蝇。

五、实验记录与思考

1. 将统计的数据填入表格(表 4－1)。
2. 绘出三基因的遗传学图，并计算并发率和干涉值。
3. 用野生型雌蝇与白眼、焦刚毛、小翅雄蝇杂交，三点测交试验能否成功？你怎样设计？
4. 同一个实验结果，请以伴性遗传的思路进行统计和分析(包括卡方测验)。

表 4－1 F$_2$ 不同表型个体的观察记录

测交后代表型	观 察 数	基因是否重组		
		m－sn^3	m－w	w－sn^3
总　计				
重组值				

实验五　果蝇翅形的两对基因互补

一、实验目的

非等位基因之间的相互作用有很多种方式。通过本实验,了解两对基因的互补作用。

二、实验原理

关于果蝇翅形,从前面的实验中可以知道,一号染色体上的 vg 和 X 染色体上的 m 基因同时决定翅形,那么残翅果蝇和小翅果蝇杂交将出现怎样的情况呢? 以下实验是本教研室赵章杏老师在 1981 年做的,并初步得出基因互补的结论。

正交:

$$vgvgX^+X^+ \quad \times \quad ++X^nY$$
(残翅♀)　　　　(小翅♂)

↓　　　　↙　　↘

配子: vgX^+　　$+X^n$　　$+Y$

F_1: $+vgX^+X^m$　$+vg\ X^+Y$

长翅♀　　　　长翅♂

反交:

$$++X^mX^m \quad \times \quad vgvgX^+Y$$
(小翅♀)　　　　(残翅♂)

↓　　　　↙　　↘

配子: $+X^m$　　vgX^+　　vgY

F_1: $+vg\ X^+X^m$　$+vg\ X^mY$

长翅♀　　　　小翅♂

从 F_1 代的情况看,长翅是由两对显性基因决定的,也就说,果蝇表型为长翅,要求第Ⅱ染色体上和 X 上控制翅形的基因都为显性基因。F_1 代自交后 F_2 代又出现怎样的情况呢?

假定既残翅又小翅的合子在胚胎发育过程中死亡的话,那么反交结果见表 5-1。

表 5-1　果蝇翅形的两对基因互补

精子 ＼ 卵	$+X^m$	vgX^+	$+X^+$	vgX^m
$+X^m$	$++X^nX^m$(小)	$+vgX^+X^m$(长)	$++X^+X^m$(长)	$+vgX^mX^m$(小)
vgY	$+vgX^nY$(小)	$vgvgX^+Y$(残)	$+vgX^+Y$(长)	$vgvgX^mY$(死亡)
$+Y$	$++X^nY$(小)	$+vgX^+Y$(长)	$++X^+Y$(长)	$+vgX^mY$(小)
vgX^m	$+vgX^nX^m$(小)	$vgvgX^+X^m$(残)	$+vgX^+X^m$(长)	$vgvgX^mX^m$(死亡)

反交 F_2　长翅:小翅:残翅=6:6:2

正交 F_2　长翅:小翅:残翅=9:3:3(正交表格略)

三、实验准备

同实验三。

四、实验步骤

1. 正交:残翅品系×白眼小翅焦刚毛品系;反交:白眼小翅焦刚毛品系×残翅品系,并贴好标签。

2. 7～8 天后倒去亲本。

3. 再过 4～5 天后,子一代成虫出现,进行观察。

4. F₁ 代中选取 5～6 对果蝇放到培养瓶中,正反交分别放在 25℃ 培养。

5. 7～8 天后倒去亲本。

6. 再过 4～5 天,F₂ 代成虫出现,开始观察统计,将结果填入表格(正反交分别填表)。

五、实验记录与思考

1. 填写 F_2 代表型统计表格。

统计日期	长　翅	小　翅	残　翅
合　计			

	长　翅	小　翅	残　翅
实得数(O)			
理论数(E)			
偏差($O-E$)			
$(O-E)^2/E$			
Σ	$n=$	$\chi^2=$	$P=$

2. 进行 χ^2 测验。

3. 思考题:你认为这个实验能用"基因互补"来解释吗? 如果能,你如何进一步证明? 请设计实验。如果不能,请你提出自己的见解。

实验六　　果蝇唾腺染色体的制作与观察

一、实验目的

1. 练习分离果蝇幼虫唾腺的技术，学习唾腺染色体的制片方法。
2. 观察了解果蝇唾腺染色体的形态学及遗传学特征。

二、实验原理

双翅类昆虫(果蝇等)幼虫期唾腺细胞中具有相当于普通染色体 $100\sim150$ 倍的巨大染色体，称为唾腺染色体。唾腺染色体经过多次复制而不分开，约有 $1000\sim4000$ 根染色体丝的拷贝，所以又叫多线染色体(polytene chromosomes)。这些巨大的唾液腺染色体具有许多重要特征，为遗传学研究的许多方面，如染色体结构、化学组成、基因差别表达等提供了独特的研究材料。

唾液腺染色体形成的最初，其同源染色体处于紧密配对状态，这种状态称为"体细胞联会"。在以后不断的复制中仍不分开，由此成千上万条核蛋白纤维丝合在一起，紧密盘绕，所以配对的染色体只呈现单倍数。黑腹果蝇的染色体数为 $2n=2\times4$，其中第Ⅱ、第Ⅲ染色体为中部着丝粒染色体，第Ⅳ和第Ⅰ(X染色体)染色体为端着丝粒染色体。而唾液腺染色体形成时，染色体着丝粒和近着丝粒的异染色质区聚于一起形成染色中心(chromocenter)，所以在光学显微镜下可见从染色体中心处伸出 6 条配对的染色体臂，其中 5 条为长臂，1 条为紧靠染色中心的很短的臂(图 6-1)。

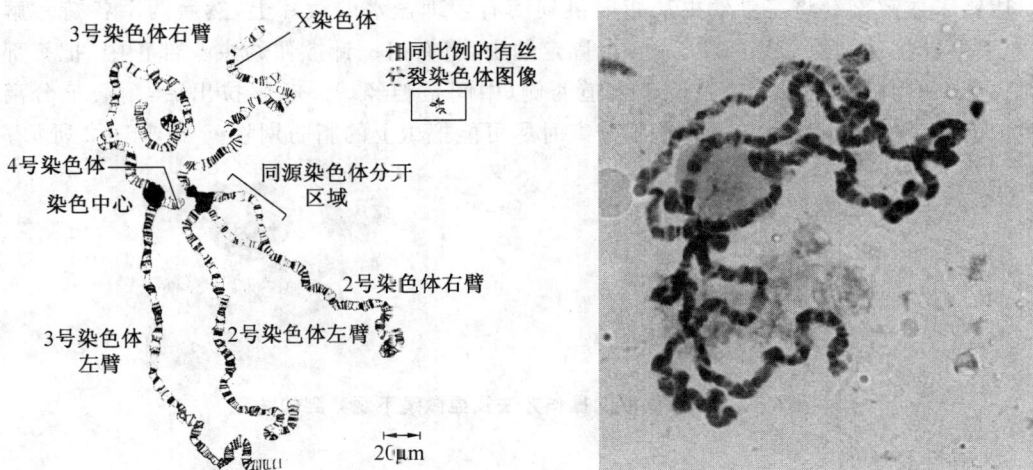

图 6-1　果蝇唾腺染色体模式图及显微镜下观察到的唾腺染色体

由于唾腺细胞在果蝇幼虫时期一直处于细胞分裂的间期状态，所以每条核蛋白纤维丝都处于伸展状态，因而不同于一般有丝分裂中期高度螺旋化的染色体。唾腺染色体经染色后，呈现深浅不同，疏密各异的横纹(band)。这些横纹的数目、位置、宽窄及排列顺序都具有种的特异性。研究认为这些横纹与染色体的基因有一定关系，而一旦染色体上发生了缺失、重复、倒位、易位等，也可较容易地在唾腺染色体上观察识别出来。可见唾腺染色体技术是遗传学研究中的一项基本技术。

三、实验准备

1. 材料：果蝇三龄幼虫。

2. 试剂：卡宝品红染色液、生理盐水（0.7％ NaCl）、1 mol/L HCl、蒸馏水。

3. 器具：解剖镜、显微镜、镊子、解剖针、盖玻片、吸水纸。

四、实验步骤

1. 三龄幼虫的饲养

黑腹果蝇容易饲养，也易获唾腺。为获得理想的染色体制片标本，需要采用生长良好、形体肥大的三龄幼虫，以保证唾腺发育良好。所以饲养条件稍别于一般杂交饲养条件。

（1）饲料要求松软，含水量较高，营养丰富，发酵良好。可采用下列配方：

玉米粉 100 g、红糖 130 g、琼脂 10 g、酵母粉 20 g、苯甲酸 0.75 g、丙酸 3 ml、加蒸馏水 1200 ml。

（2）在接种出现一龄幼虫后，将成虫移去，在饲料表面滴加低浓度的酵母液（2％～4.5％的水溶液），每天滴加 1～2 滴。2～3 龄幼虫期适当增加酵母液浓度（10％左右）。滴加量以覆盖饲料表面一薄层为宜。

（3）饲料营养对幼虫的发育固然重要，但幼虫密度过大亦会影响幼虫发育，故还需控制幼虫密度。这可通过控制成虫排卵时间来达到。一般情况下，牛奶瓶中 10 对成虫交配后 12 h左右将成虫转移。

（4）稍低的温度有利于幼虫的充分生长发育，因而可采用 15～18℃培养。

2. 幼虫的解剖

用镊子或解剖针将三龄幼虫从瓶内挑到滴有生理盐水的载片上，然后两手各持一解剖针，左手一针按住幼虫后端的 1/3 处，以固定幼虫，将右手一针撅住幼虫头部正中，把头部自身体拉开，唾腺随之拉出。唾腺位于食道两侧，中间是神经球。唾腺拉出后，耐心地分离出唾腺。唾腺为半透明，呈棍棒状，唾腺分离时尽可能把边上的脂肪剔除。如图 6-2 所示。

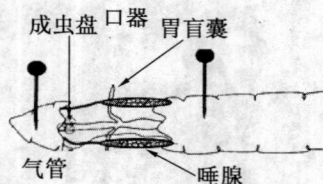

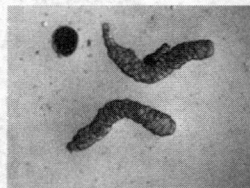

图 6-2 唾腺剥取的操作方法及显微镜下观察到的唾腺

3. 染色前处理

载片中只留下唾腺，然后滴一滴 1 mol/L HCl，解离 2～3 min，用吸水纸吸干 HCl。然后用蒸馏水洗涤 2 次，用吸水纸吸尽四周水分，便可染色。

4. 染色

滴上卡宝品红染液一滴，染色 10 min。

5. 压片

加干净的盖片，在盖片上覆盖一吸水纸，以左手按住玻片，右手用镊子或笔头隔着吸水纸在盖片上轻轻敲击。

6. 观察

光学显微镜下可见黑腹果蝇巨大的唾腺染色体是从染色中心向四周放射状地伸出 5 长 1 短总共 6 条臂。果蝇染色体数为 $2n=8$。其中 1 号染色体（X 染色体）为端着丝粒染色体，其着丝粒附着的一端在染色中心上，另一端游离；2 号、3 号染色体为中部着丝粒染色体，每条呈"V"伸展两臂；4 号染色体很短小，呈点状附在染色中心边缘。

五、实验记录与思考

1. 拍摄或绘制你所看到的果蝇唾腺染色体图像，描述唾腺染色体的特征。
2. 思考题：果蝇唾腺染色体可以用于哪些遗传学研究？

实验七　果蝇基因组 DNA 的提取和鉴定

一、实验目的

1. 学习果蝇总 DNA 提取的基本方法。
2. 学习 DNA 鉴定与定量的基本方法。

二、实验原理

从动物或微生物中提取基因组 DNA,是突变体分析、基因组文库建立等利用 DNA 进行遗传操作工作的第一个步骤。

提取 DNA 的第一步是在液氮或干冰中将新鲜或冷冻的组织研磨成粉末,使细胞破碎。第二步是用含有去污剂如 SDS(sodium dodecyl sulfate,十二烷基磺酸钠)、螯合剂 EDTA 等成分的提取缓冲液处理组织匀浆。去污剂将细胞膜裂解,使 DNA 释放到缓冲液中,同时使组织匀浆中的蛋白质变性;EDTA 则能与 DNase 的辅因子 Mg^{2+} 结合,使 DNase 失活,使后者不能降解从细胞中释放出来的 DNA。

第三步是用氯仿－异戊醇将组织中的蛋白质、碳水化合物等分开;如有必要可再用 RNase A 去除核酸中的 RNA,剩下的便是 DNA。DNA 可用乙醇或异丙醇沉淀,沉淀的 DNA 可通过离心收集。

DNA 的纯度可通过紫外分光光度计做粗略的测定。核酸、蛋白质、盐和小分子的最大吸收峰不同,分别为 260nm、280nm 及 230nm。按顺序测定一个样品在三种波长下的 OD 值,如果蛋白质及小分子污染较少,则 $OD_{260}/OD_{280} > 1.8$,$OD_{260}/OD_{230} > 2.0$。另外通过测定 OD_{260},可根据以下算式测出所提取的 DNA 的浓度:

$$DNA 双链的浓度(\mu g/ml) = 50 \times OD_{260}$$

提取的 DNA 要尽可能保持一级结构完整性,并可通过琼脂糖凝胶电泳来检查。如果基因组 DNA 完整,应该仅出现一条主带,如果出现很多条深浅不一的带或有明显的拖尾现象,则说明 DNA 已降解。

三、实验准备

1. 材料:果蝇成虫若干。
2. 试剂:

(1) 抽提缓冲液:1% (W/V) SDS,100 mmol/L Tris-HCl(pH 9.0),100 mmol/L EDTA。

(2) 8mol/L 乙酸钾;氯仿－异戊醇(24:1);70% 乙醇;异丙醇。

(3) TE 缓冲液(含 20 μg/ml RNase)。

(4) 琼脂糖凝胶电泳有关试剂:0.8% 琼脂糖,0.5×TBE 缓冲液,电泳上样缓冲液,溴化乙啶(EB)等。

3. 器具:1.5 ml 微量离心管、移液枪及吸头、水浴锅、水平电泳仪、凝胶紫外成像系统、紫外分光光度计等。

四、实验步骤

1. 将果蝇存放于－80℃冰箱中 5 min,每个 eppendorf 管放 1～5 只果蝇。

2. 在冰上,加入 100 μl 抽提缓冲液,并用玻棒将果蝇研磨成匀浆。

3. 70℃水浴 30 min。

4. 加入 14 μl 8 mol/L 乙酸钾,冰上放置 30 min。

5. 4℃,4,000 g 离心 15 min,然后将上清液移入另一个新的微量离心管,切勿搅动沉淀。

6. 加入与上清液等体积的氯仿－异戊醇,混匀(请勿涡旋)后,4,000 g 离心 5 min。

7. 将上清液转移到新的微量离心管,加入 0.5 倍体积的异丙醇。

8. 室温下 10,000 g 离心 5 min,弃上清液。

9. 加入等体积 70% 乙醇,混匀。

10. 室温下 10,000 g 离心 5 min。

11. 将 DNA 沉淀在空气中干燥几分钟,用 TE 缓冲液(含 RNase)溶解 DNA 沉淀(以每只成蝇 10 μl 计)。

12. 用紫外分光光度计检查 DNA 的质量及浓度,用琼脂糖凝胶电泳检查 DNA 的完整性。

五、实验记录与思考

1. DNA 浓度的测定

用重蒸水将比色杯冲洗干净,用 TE 缓冲液将提取的样品稀释若干倍。以 TE 缓冲液为对照,测定 OD。

OD_{260} = _____

OD_{260}/OD_{280} = _____

OD_{260}/OD_{230} = _____

所提取的 DNA 的浓度: _____

2. 拍摄琼脂糖凝胶电泳照片,标明样品所在的电泳泳道编号。

3. 思考题:

提取缓冲液中各成分的作用是什么? 在基因组 DNA 提取过程中如何防止 DNA 样品的降解?

实验八　果蝇钠离子通道基因 RNA 编辑位点的鉴定

一、实验目的

1. 掌握 RNA 的提取、第一条 cDNA 链合成、PCR 等分子生物学常规技术。
2. 学习鉴定 RNA 编辑位点的方法。

二、实验原理

真核生物前体 RNA 需要经过一系列的转录后加工才能形成成熟的 mRNA，这些加工过程包括选择性剪接、RNA 编辑以及 RNA 3′端多聚腺苷酸化等过程。其中有一种 RNA 编辑作用是由腺嘌呤脱氨酶（ADARs）介导的，被称为 A 至 I RNA 编辑。ADARs 是一种 RNA 编辑酶，作用于双链 RNA（dsRNA）上的腺嘌呤，通过水解脱氨作用使腺嘌呤转变为次黄嘌呤。像其他双链 RNA 结合蛋白一样，ADARs 可以非特异性地结合到双链 RNA 上，一旦结合到双链 RNA 后，ADARs 可以高效地使特定位点上的腺嘌呤脱氨基。大多数酶将腺嘌呤脱氨产物次黄嘌呤识别为鸟嘌呤，在翻译过程中次黄嘌呤被当做鸟嘌呤，这样 ADARs 就改变了 RNA 的原始序列信息。此外，由于次黄嘌呤与胞嘧啶配对，ADARs 还可把 AU 碱基转变为 IU 碱基对，改变 RNA 的空间结构。

基因转录产物前体受到 RNA 编辑后，会产生不同的转录本，当这些转录本反转录后会形成不同的 cDNA，进行 PCR 扩增后得到的产物相应地含有编辑前后不同的片段。通过 PCR 直接测序并和基因组 PCR 测序结果对比，基因组 PCR 测序结果为单峰，而 RT-PCR 为双峰（编辑效率很高时可能为单峰）。

本实验以果蝇钠离子通道基因（*para*）为例，学习 RNA 编辑位点的鉴定方法。

三、实验准备

1. 材料：黑腹果蝇（*Drosophila melanogaster*）
2. 试剂：
(1) 分子生物学常用试剂，配法见附录部分：
DEPC-H_2O、酚（Tris 饱和酚）、氯仿、异戊醇、异丙醇、十二烷基磺酸钠（SDS）、75％乙醇（DEPC-H_2O 配制）、TRIzol 试剂、TE 缓冲液、50×TAE、1.5％琼脂糖凝胶。
(2) 消化缓冲液
100 mmol/L NaCl，10 mmol/L Tris・HCl(pH8.0)，25 mmol/L EDTA(pH8.0)，0.5％ SDS。
(3) 引物
Dmepara-up：5′-CGCCAGCAAGGAGGATTTAGGTC-3′
Dmepara-down：5′-CTTTGAAGCCGAGCGCCAACCAC-3′
(4) 逆转录试剂盒、凝胶回收试剂盒（TaKaRa 公司）。
3. 器具：水浴锅、微量离心机、水平电泳仪、紫外凝胶成像系统、紫外分光光度计、恒温培养箱、紫外透射仪、PCR 仪。

四、实验步骤

1. 果蝇基因组 DNA 的提取：操作步骤见实验七。

2. 果蝇总 RNA 的提取

(1) 取 50～100 mg 果蝇，置 1.5 ml 离心管中，加入 1 ml Trizol，并用玻棒将果蝇研磨成匀浆，室温静置 5 min。

(2) 加入 0.2 ml 氯仿，振荡 15 s，静置 2 min。

(3) 4℃，12,000 g 离心 15 min，取上清液。

(4) 加入 0.5 ml 异丙醇，将管中液体轻轻混匀，室温静置 10 min。

(5) 4℃，12,000 g 离心 10 min，弃上清液。

(6) 加入 75％乙醇 1 ml，轻轻洗涤沉淀。4℃，7,500 g 离心 5 min，弃上清液。

(7) 将沉淀晾干，加入适量的 DEPC-H_2O 溶解（65℃促溶 10～15 min）。

3. 第一链 cDNA 的合成

(1) 将以下样品均匀混合

总 RNA 样品	2 μl
Oligo(dT) Primer	1 μl
dNTP	1 μl
DEPC-H_2O	7 μl

混匀，离心；

(2) 以上混合液 65℃保温 5 min，然后立即放置冰上 1～2 min；

(3) 均匀混合以下样品，并与步骤(1)混合液混合

10×RT Buffer	2 μl
25 mmol/L MgCl₂	4 μl
0.1 mol/L DTT	2 μl
RNase OUT	1 μl
RT 酶	1 μl

混匀后离心；

(4) 以上混合液在 50℃恒温箱中放置 50 min；

(5) 反应液在 80℃水浴中放置 10 min，使反转录酶失活，然后在冰上冷却 2 min，-20℃冰箱保存备用。

4. RT-PCR 与基因组 PCR

按下述要求建立 PCR 反应体系，每管 50 μl：

10×PCR Buffer （含 MgCl₂）	5 μl
dNTP Mix （2.5 mmol/L）	4 μl
Dmepara-up(10 μmol/L)	1 μl
Dmepara-down(10 μmol/L)	1 μl
模板(cDNA 或者基因组 DNA)	1 μl
pfu DNA 聚合酶(5U/μl)	1 μl
无菌水	37 μl

PCR 反应条件如下：

95 ℃　预变性 2 min；

35 个循环：94 ℃　30 s，58 ℃　60 s，72 ℃　1 min(1 kb/min)；

72 ℃　10 min

5. PCR 产物割胶回收

(1) 分别取 8 μl PCR 产物在 1.5％ 琼脂糖凝胶上进行电泳检测。

(2) 用 PCR 回收试剂盒浓缩 PCR 产物后，在 1.5％胶上电泳(电泳时间足够长，使两个条带尽量分开)，然后在 300 nm 紫外透射仪下分别割取目的条带所在的胶区域(使所切胶块体积尽量小)。

(3) 称取割下的胶块质量，按每 10 mg 凝胶加 40 μl 溶胶液加入适当的溶胶液(GS1)。

(4) 在 50℃水浴中保温 15 min 左右，期间每隔 3 min 将离心管来回颠倒几次，确保凝胶完全溶解。

(5) 把溶解有凝胶的混合液转移到离心柱中，12,000 rpm 离心 1 min，弃滤液。

(6) 再加 500 μl 溶胶液(GS1)，室温放置 1 min，12,000 rpm 离心 1 min，弃滤液。

(7) 加 700 μl Wash Buffer(W9)，室温放置 5 min，然后 12,000 rpm 离心 1 min。

(8) 弃滤液后，继续 12,000 rpm 离心 2 min，确保除尽滤膜上残余的 Wash Buffer。

(9) 将离心柱放置到新 1.5 ml 离心管上，加入预热的 TE Buffer 30 μl，室温放置 1 min。

(10) 12,000 rpm 离心 2 min，得到纯化的 DNA 片段。

6. PCR 产物直接测序

PCR 纯化产物经电泳检测后，用特异引物直接进行测序。

五、实验记录与思考

根据测序结果，分析测序图谱，对比基因组 PCR 与 RT-PCR 测序结果，鉴定编辑位点。

拟南芥系列实验

拟南芥(*Arabidopsis thaliana*)是芥菜属或芸苔属的一种开花植物,原产于欧洲、亚洲及非洲西北部。一年生(极少数两年生),植株高度 20~25cm,基生叶呈莲座状,叶片长 1.5~5cm,宽 2~10 mm,边缘呈锯齿状,叶表面覆盖一层单细胞毛状物——表皮毛;花直径3 mm,伞状花序;长角果 5~20 mm 长,内含 20~30 颗种子;根结构简单,先形成垂直向下生长的单一主根,而后形成更小一些的侧根。

拟南芥虽然不具有农艺学上的重要性,但具有一些独特的优点,使之成为遗传学和分子生物学研究的材料,被科学家誉为"植物中的果蝇"。

拟南芥是已知植物基因组中最小的物种之一,约为 135 Mb,5 对染色体,便于进行遗传作图和序列测定。2000 年基因组测序工作完成,拟南芥成为首个序列被公布的植物。接下去的工作将致力于解析 27,000 个基因及其编码的 35,000 个蛋白质的功能。

植株个体小、生长周期短等特点使拟南芥成为实验室研究的好材料。拟南芥从萌发到产生成熟种子约 6 周;可在有限空间内大量种植,易培养,可产生大量种子;自花授粉,基因高度纯合,用理化因素处理突变率很高,容易获得各种代谢功能的缺陷型。

此外,已建立成熟的拟南芥转基因系统,可利用土壤农杆菌将 DNA 转移至植物基因组中。目前广泛采用的"花序浸润法"等方法,省去了其他植物转化法中的组织培养及植株再生步骤,非常方便、快速、有效,极大促进了基因功能及基因表达调控的研究。

拟南芥最早是由 Johannes Thal 于 16 世纪在哈尔茨山发现的,当时命名为 *Pilosella siliquosa*,此后又多次更名。1873 年 A. Braun 发表了最早的一篇关于突变体的报道。1907 年 F. Laibach 公布了准确的染色体数目,并于 1943 年首先提出拟南芥可作为遗传学研究的模式生物。第一个诱导产生的突变体库由 Laibach 的学生 E. Reinholz 制作,他的论文于 1945 递交,1947 发表。20 世纪五六十年代 J. Langridge 和 G. Rédei 等人在拟南芥的实验应用上发挥了重要作用。

进入 80 年代之后,拟南芥成为全世界植物研究实验室广泛使用的模式材料。除了每年一届的拟南芥国际会议之外,各地的研究者还可以通过互联网交流科研信息,并可利用种质中心获取大量突变体和基因组资源。其中最著名的网站是拟南芥信息资源(Arabidopsis Information Resource, http://www.arabidopsis.org)。

如今拟南芥主要用于生长发育、抗病、抗逆性和有用化学物质产生的相关重要基因的定位研究,同时作为一种珍贵的实验模型,对于深入认识光合作用等植物特有功能,以及在分子和细胞水平研究高等生物的基本过程具有重要意义。

实验九　拟南芥的培养及性状观察

一、实验目的

1. 学习掌握拟南芥的基本培养方法。
2. 观察拟南芥生长发育过程中的性状。

二、实验原理

模式植物拟南芥生活周期短,6～8周就能完成从种子到种子的整个生活周期。同时拟南芥种植便利,可以在温室和实验室条件下栽培。

拟南芥既可以在土壤、蛭石、泥炭藓中栽植,也可以在无菌琼脂培养基上培养。实验室条件下种子经过低温(2～4 ℃,2～4 天)破除休眠后播下,在合适的光照强度(2,000 lx,16 h光照/8 h暗培养)、温度(22 ℃～25 ℃)、湿度(60%以上)和营养条件下培养,4～5 天后萌发,4周后开花,自花授粉,发育形成长角果,6～8周荚果成熟便可收集种子保存。

可以用肉眼观察的拟南芥常见性状很多,主要包括:种子大小和颜色,幼苗主根长度和侧根数目,根毛形态和数目,下胚轴长度和形态(图 9－1),根和下胚轴的向地性和向光性,子叶形状和融合(图 9－1),叶片形状(图 9－2),叶毛形态和结构,叶色深浅和叶片花斑,植株高度和顶端优势,花发育畸形(图 9－1)等等。

本实验将观察种子颜色(tt 系列突变体)、下胚轴长度(hy 系列突变体)、叶片花斑(var系列突变体)、向地性(axr 系列突变体)等。

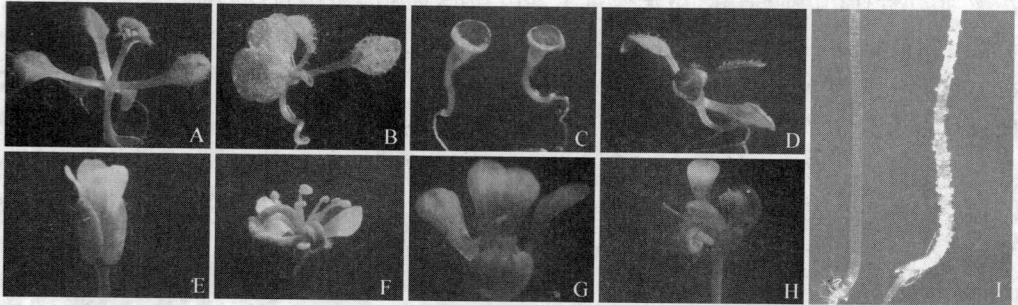

图 9－1　拟南芥子叶融合(**A** 为野生型,**B**～**C** 为突变体)、花发育畸形(**A** 为野生型,**F**～**G** 为突变体)和下胚轴细胞壁果胶合成突变(图 **I**,左为野生型,右为突变体)。(本实验室制作)

图 9－2　野生型及拟南芥叶片发育突变体(由过量表达突变型 **IAA2**蛋白引起)。(本实验室制作)

三、实验准备

1. 材料：拟南芥野生型(Columbia 生态型)和 *tt* 系列、*hy* 系列、*var* 系列、*axr* 系列突变体种子。

2. 试剂：

种子灭菌用试剂：70%乙醇、10%次氯酸钠、无菌水等。

培养基：常用的拟南芥组织培养基有 MS 培养基和 B5 培养基，配方见表 9-1,9-2。

3. 器具：

玻璃培养皿、镊子、1.5 ml 离心管、移液枪及吸头、高压灭菌锅。

灭菌的土壤或蛭石、塑料盆钵及托盘、透明塑料膜、透明有机罩、光照培养箱等。

表 9-1　MS 和 B5 培养基配方(mg/L)

培养基 组成	MS (1962 年)	B5 (1968 年)	培养基 组成	MS (1962 年)	B5 (1968 年)
NH_4NO_3	1650	—	$ZnSO_4 \cdot 7H_2O$	8.6	2
KNO_3	1900	2500	$Na_2MoO_4 \cdot 2H_2O$	0.25	0.25
$CaCl_2 \cdot 2H_2O$	440	150	$CuSO_4 \cdot 5H_2O$	0.025	0.025
$MgSO_4 \cdot 7H_2O$	370	250	$CoCl_2 \cdot 6H_2O$	0.025	0.025
KH_2PO_4	170	—	肌醇	100	100
$(NH_4)_2SO_4$	—	134	烟酸	0.5	1
$NaH_2PO_4 \cdot 2H_2O$	—	150	甘氨酸	2	—
$FeSO_4 \cdot 7H_2O$	27.8	27.8	盐酸硫胺素(V_{B1})	0.1	10
$Na_2EDTA \cdot 2H_2O$	37.3	37.3	盐酸吡哆素(V_{B6})	0.5	1
KI	0.83	0.75	蔗糖	30 000	20 000
H_3BO_3	6.2	3.0	琼脂	10 000	10 000
$MnSO_4 \cdot 4H_2O$	22.3	10	pH	5.7	5.7
	—		121℃ 20 min 高温湿热灭菌		

表 9-2　拟南芥浇灌营养液配方(不需灭菌)

微量元素母液(1000×)

成　分	浓度(mmol/L)	质量(g/L)
H_3BO_3	70	4.328
$MnSO_4 \cdot H_2O$	14	2.366
$CuSO_4 \cdot 5H_2O$	0.5	0.124
$ZnSO_4 \cdot 7H_2O$	1.0	0.288
Na_2MoO_4	0.2	0.0484
NaCl	10.0	0.584
$CoCl_2$	0.01	0.0024

续 表

大量元素母液(200×)		
成　分	浓度(mol/L)	质量(g/L)
KNO₃	1	101.1
KH₂PO₄	0.5	68.045
MgSO₄	0.4	98.592
Ca 离子母液(200×)		
成　分	浓度(mol/L)	质量(g/L)
Ca(NO₃)₂	0.4	94.46
Fe 离子母液(200×)：需用热水搅拌至完全溶解		
FeSO₄·7H₂O		2.5
Na₂EDTA		3.36

四、实验步骤

1. 种子表面消毒

全过程在超净台中进行。

在无菌的 1.5 ml 离心管中根据需求加入适量拟南芥种子,量以不超过离心管容积的 1/4 为宜。加入 70% 乙醇,混匀 3 min,小心吸除。加入 10% NaClO 溶液 1.5 ml,混匀 10 min,小心吸除。用无菌水 1 ml 洗种子 4～5 遍,加入 1.5 ml 无菌水静置 10 min,小心吸出后再水洗 1～2 遍。

用酒精灯火上烧过的镊子或无菌的吸头,小心地将消毒后的种子均匀地点在 MS 或者 B5 培养基上。培养皿用 Parafilm 膜封口后,置于 4℃ 冰箱中 2 天,破除种子休眠。

2. 幼苗的萌发和转移

将培养皿置于 16 h 光照/8 h 黑暗的条件下竖直放置培养,防止根过多地长入琼脂中。光照强度 2,000 lx,温度保持在 24 ℃ 左右(黑暗培养时可降低 2 ℃),湿度在 70% 左右。再过 2～3 天种子即开始萌发。

1 周大小的幼苗(具 2 片叶,根长 1～2cm)即可移入土壤中栽植。土壤灭菌冷却后分装入塑料盆钵(底部有孔),稍稍压实。用镊子在土中扎出小孔,小心地将培养基上的幼苗钳出(不能将根钳断),保持根部垂直扎入小孔,拨土将根掩埋,苗挺直叶片朝上。每两棵苗之间保持 2～3cm 间隔,有助于苗长得更为壮实。盆钵置于托盘之中,托盘中加入新鲜配置的营养液,托盘上方用有机罩罩上保湿,继续按原条件下培养。2～4 天后去除有机罩。

3. 拟南芥的培养

在幼苗最初两片真叶开始伸展前应避免干旱,当真叶长出后减少营养液的浇灌,防止土表藻类和真菌的生长。苗长至 3～4 周开始抽苔,开花。抽苔后应该用透明的塑料膜包裹盆钵上部,防止苗茎干的倒伏。拟南芥花期长,抽苔后会不断开花,在自花授粉后长出长角果。在长角果充实阶段必须保证水分供给,以利于种子的形成。

当长角果的数量达到能够收获足够多的种子时停止营养液的供给,并可以降低环境湿度,长角果会快速地成熟变成黄褐色,在大部分荚果成熟后即可取出植株收获后代。小心分离种子去除其余杂质。新鲜的子代种子晒干后,放入离心管或者干燥的纸袋中,放置于种子冰箱中长期保存。

五、实验记录与思考

1. 观察拟南芥生长周期,记录种子萌发、抽苔、开花、种子成熟等各个时期的时间、特征。也可拍照记录。

2. 描述各种突变体的表型特征及其与野生型的差异。

实验十　拟南芥的杂交实验

一、实验目的

1. 初步了解拟南芥的花器构造、孢子发生、配子形成、授粉、受精等有性杂交基础知识。
2. 学习拟南芥有性杂交的原理和基本方法。

二、实验原理

1. 有性杂交

两个进行有性生殖且遗传组成不同的个体通过彼此雌雄配子的结合,而产生杂种的过程称为有性杂交。有性杂交是遗传学研究的基本方法,是人工创造植物新品种、新类型的有效手段。通过将雌雄性细胞结合的有性杂交方式,及相对性状在杂种后代中的分离和重组,可揭示各种质量和数量性状的遗传规律。同时通过基因组合产生的亲本各种性状的重新组合,为从中选择需要的基因型或对人类有利的新种提供了材料。

拟南芥杂交的主要用途包括:通过 F$_2$ 作图群系来进行基因定位、互补测验、通过回交制作纯系等。

2. 拟南芥花器官构造(图 10-1)

拟南芥为十字花科,总状花序,在实验室条件下大多是自交。拟南芥花有四个萼片、四个花瓣。雄性生殖器官由四个中部长一点的雄蕊和两个侧面较短的雄蕊组成。雌性生殖器官——雌蕊群位于花的中部,其中的子房由两个心皮组成。

图 10-1　野生型拟南芥的花及其结构模式图

拟南芥是自花授粉植物,在花开放之前就自我受精,这一特性对于纯合株系的产生非常重要。然而我们也可以通过实验室的有性杂交方法产生杂合体。在操作时,需去除未成熟的花粉囊,使柱头成熟到能接受花粉进行受精时,从另一个亲本引入花粉。根据光照时间长短,拟南芥能产生 3～6 轮花序。通常杂交效率最高的是初生花序,避免使用 2～3 轮花序(自下而上数)。当植株变老时,花变小,杂交成功率降低。

在实验中我们采用 2 种不同抗生素抗性的转基因拟南芥为亲本进行杂交,杂交后代用含两种抗生素的培养基进行萌发,观察杂交的成功与否。

三、实验准备

1. 材料：两种不同抗生素（潮霉素和卡那霉素）抗性的转基因拟南芥。

2. 试剂：95％乙醇；抗性筛选培养基：B5 培养基中含有 25 μg/ml 潮霉素和 50 μg/ml 卡那霉素。

3. 器具：镊子、眼科手术剪刀、小纸牌、放大镜、棉花球等。

四、实验步骤

1. 拟南芥花去雄

寻找仍然紧闭、但柱头开始从花顶部突出的花蕾。在解剖镜下用已灭菌的镊子小心地去掉除雌蕊以外的花的所有部分。一旦所有的雄蕊和大部分/所有周围组织被除去，可以立即授粉或过几天再授粉。用已灭菌的（100％乙醇浸泡）镊子，去掉其余的任何花蕾。

2. 杂交

我们采用花盛开的植株，最好在明媚的早上来做杂交。选择已盛开的花，用灭菌的镊子取下雄蕊。用花粉轻轻碰已去雄的花柱头，杂交后挂上标牌，记录时间和杂交品种。重复上述步骤，对另一去雄的花柱头进行杂交（注意：每次授粉后对镊子灭菌）。几天以后，如柱头伸长，子房变大，则表示杂交成功。等到荚果变黄后，收获 F_1 种子。将种子放在 4℃ 箱保存。

3. 将 F_1 代种子在含两种抗生素的 B5 培养基上发苗，22～23℃培养。

五、实验记录与思考

5～7 天后观察表型，记录筛选培养基中 F_1 双抗幼苗的数目。

实验十一　拟南芥的化学诱变及突变体筛选

一、实验目的

1. 学习拟南芥 EMS 诱变的基本原理和方法。
2. 学习观察拟南芥各种表型参数，筛选获得目的突变体的方法。

二、实验原理

拟南芥中应用最广泛的种子诱变剂是甲基磺酸乙酯(EMS)，它有相对高的诱变频率，较小的致死或不育的副作用。EMS 是一种烷化剂，其上的活性烷基能转移到其他分子的较高电子密度位置上，使 DNA 中的碱基发生烷化作用，例如提供一个乙基，使鸟嘌呤 7 位上烷化成 7-乙基嘌呤，使该鸟嘌呤不再与胞嘧啶配对，而与胸腺嘧啶配对，最终将 G—C 配对转换成 A—T 配对。一般认为 EMS 诱变主要是引起点突变，即引起单碱基变化而不是引起整体的遗传改变。单碱基变化可能引起编码蛋白中单个氨基酸功能变化，在产生无效等位基因(null allele)和不同程度的功能突变方面是有用的。

进行分析的表型取决于研究者的思路，可以从生长参数、对激素的反应、对环境和生物胁迫的响应等方面予以分析，也可以通过组织化学分析、特异染色技术、扫描电镜等手段加以观察。

三、实验准备

1. 材料：野生型拟南芥(Columbia-0 生态型)及各种突变体种子。
2. 试剂：EMS 处理溶液：0.1 mol/L 磷酸钠，50~100 mmol/L EMS，pH5~6。
无菌水、B5 培养基、次氯酸钠溶液、乙醇等。
3. 器具：通风橱、烧杯、特殊试剂回收桶、搅拌棒、培养皿、移液枪及枪头、微量离心管、恒温培养箱。

四、实验步骤

1. EMS 诱变

建议先进行小规模试验性诱变，用以估计致死率和诱变剂效率。EMS 是高毒性，易挥发的无色液体，因此 EMS 处理的全过程应在通风橱中进行，并且配备专用特殊试剂回收桶。

（1）预处理

称取一定数量的种子置于盛有一定量去离子水的烧杯中，尽可能缓慢搅拌，使种子预吸胀一段时间。

（2）EMS 处理

将种子转移到另一含有 EMS 处理溶液的烧杯中，常用的诱变处理是在每 20 ml EMS处理液中加约 5000 粒种子，封口搅拌。处理时间视不同实验而有所变动，一般 5~15 h。

（3）洗涤

将 EMS 溶液小心移入回收桶，加入去离子水漂洗数次，每次 15 min。也可以使用 100

mmol/L 的硫代硫酸钠或者 NaOH 来冲洗种子,这些试剂可以分解 EMS。所有带有 EMS 的洗涤液均需小心倒入回收桶中。

（4）种植

诱变处理完的种子（M_0 代）可以直接转移至土表或者培养基上生长。幼苗期间应用塑料薄膜覆盖保湿。可以在弱光下生长 7～10 天后去除薄膜,正常培养。植株生长过程中,观察褪绿体细胞是诱变成功与否的指标。种子成熟时,可检测长角果伸长指标,若大多数诱变植株长角果没有伸长,这些植株可能由于过度诱变导致不育。M_0 代所结种子为 M_1 代,M_1 代再种,所结种子为 M_2 代。一般从 M_2 代中寻找突变体。

2. 通过表型筛选突变株

（1）下胚轴长度

拟南芥幼苗下胚轴伸长受到环境信号（光质、光强）以及植物内部发育进程的影响。拟南芥种子在黑暗条件下萌发时,下胚轴伸长,子叶保持折叠状。而光照条件下胚轴伸长被抑制,营养体发育启动。例如与下胚轴伸长相关的光敏色素突变体,其中 $phy A-1,2$ 幼苗缺少光敏色素 A,在远红光和暗培养下下胚轴伸长,在红光、蓝光和白光下正常。而 $phy B$ 突变体在远红光下下胚轴正常,红光下伸长不正常。

（2）根生长的定量分析

对根尖生长的准确测定可以表明生长活性。发芽的拟南芥种子在营养缺陷、激素处理和盐渍环境下均会影响根生长,据此可筛选相关突变体。根生长测量的最简单方法是将拟南芥在培养皿中培养,在一定时间内记录根尖的位置,根长度的增加可用尺量,记录数据,比较突变体与野生型之间的差异。

（3）开花时间长短测定

拟南芥的开花受许多环境条件影响,如光质、光强、日长、温度和水分状况。野生型和突变体应当在相同的时间和空间下生长,并进行比较。拟南芥营养生长向生殖生长过渡时叶片停止形成而花萌出。开花时间的长短可以通过不同标准来检测:顶端看到花芽的天数;第一朵花开放的天数;主茎抽苔 1 cm 所需天数;或者开花时生成的叶片数量等均可与野生型比较。

（4）激素反应

植物对各种植物激素有各自独特的生理反应,因此在筛选激素反应缺陷、不敏感等突变体时,往往利用其特异的生理作用。例如赤霉素（GA）生物合成或信号传导缺陷的突变体可以通过在有或无 GA 下发芽率的比较来判断;1～10 μmol/L 的 ABA（脱落酸）可以抑制野生型种子萌发,通过考察添加 ABA 后的萌发情况来筛选 ABA 不敏感的突变体。

（5）胁迫反应

根据对不同胁迫条件（如干旱、盐渍、低温、病害）的反应,筛选出与胁迫有关的突变体。例如可将诱变后的种子与野生型共同培养,分析缺水、低温、缺营养供给、高渗透压等条件下的生长表型差异,筛选与某一胁迫条件相关的突变体。

五、实验记录与思考

1. M_2 代种子发芽后的白苗率是多少?科学家往往是从白苗率来推算诱变有否成功。想一想,这是为什么?

2. 通过对 M_2 代幼苗的表型观察,你发现了哪些有趣的突变性状?

实验十二　拟南芥基因组 DNA 的提取与鉴定

一、实验目的

1. 学习植物总 DNA 提取的基本方法。
2. 学习 DNA 鉴定与定量的基本方法。

二、实验原理

　　动植物或微生物中提取基因组 DNA,是建立基因组文库及利用 DNA 进行遗传操作等工作的第一个步骤。提取动植物及微生物基因组 DNA 所面临的问题不尽一致。

　　植物细胞外具有细胞壁,提取 DNA 时首先在液氮或干冰中将新鲜或冷冻的植物组织研磨成粉末,使细胞壁破碎。然后用含有去污剂(如 CTAB,cetyltrimethyl ammonium bromide,十六烷基三甲基溴化氨)或 SDS(sodium dodecyl sulfate,十二烷基磺酸钠)、螯合剂 EDTA(ethylene diamine tetraacetic acid,乙二胺四乙酸)等成分的提取缓冲液处理组织匀浆。去污剂将细胞膜裂解,使 DNA 释放到缓冲液中,同时使组织匀浆中的蛋白质变性;EDTA 则能与 DNase 的辅因子 Mg^{2+} 结合,使 DNase 失活,不能降解从细胞中释放出来的 DNA;提取缓冲液中还含有还原剂 β—巯基乙醇,它能抑制从组织中释放的多酚氧化,防止植物组织发黄变褐。

　　第三步是用氯仿—异戊醇把组织中的蛋白质、碳水化合物等分开。如有必要可再用 RNase A 去除核酸中的 RNA,剩下的便是 DNA。DNA 可用乙醇或异丙醇沉淀,沉淀的 DNA 可挑取或通过离心收集。

　　DNA 的纯度可通过紫外分光光度计做粗略的测定。核酸、蛋白质、盐和小分子的最大吸收峰不同,分别为 260nm、280nm 及 230nm。按顺序测定一个样品在三种波长下的 OD 值,如果蛋白质及小分子污染较小,则 $OD_{260}/OD_{280}>1.8$,$OD_{260}/OD_{230}>2.0$。另外通过测定 OD_{260},可根据以下算式测出所提取的 DNA 的浓度:

$$50 \times OD_{260} = \text{DNA 双链的浓度}(\mu g/ml)$$

　　提取的 DNA 尽可能保持一级结构完整性,可通过凝胶电泳来观察 DNA 样品是否降解。

三、实验准备

1. 材料:野生型拟南芥(Co 生态型)。
2. 试剂:CTAB 提取缓冲液:3%CTAB(W/V),1.4mol/L NaCl,0.2%巯基乙醇(V/V),20 mmol/L EDTA,100 mmol/L Tris-HCl (pH 8.0)。

　　TE 缓冲液、5×TBE 缓冲液、DNA 上样缓冲液等。

3. 器具:微量离心机、水浴锅、水平电泳仪、凝胶成像系统、紫外分光光度计、微量移液枪、eppendorf 管、枪头等。

四、实验步骤

1. 取 1～2 株小苗,在离心管中用玻棒磨成匀浆,加入 150 μl 预热的 CTAB 提取液,继续研磨,再加入 150 μl CTAB 溶液,并冲洗玻棒。65℃水浴 0.5~1 h。

2. 冷却至室温后加入等体积氯仿,混匀后 12,000 rpm,离心 10 min。吸取上清液,移入另一管中。

3. 加入等体积预冷的异丙醇,混匀后 -20℃放置 1 h。12,000 rpm 离心 15 min。

4. 用 1 ml 75％乙醇清洗沉淀,略离心后,小心倒去上清液,将沉淀在空气中干燥。

5. 用 20~30 μl H_2O 或 TE 缓冲液溶解沉淀。

6. 通过 0.8％琼脂糖凝胶电泳检查 DNA 质量。

7. 用 TE 缓冲液把提取的样品稀释 500 倍,用紫外分光光度计进行 DNA 的定性定量检测,按顺序测定一个样品在 260nm、280nm 及 230nm 三种波长下的 OD 值。

五、实验记录与思考

1. 记录 0.8％琼脂糖凝胶电泳的结果,并注明样品所处泳道。

2. 根据紫外分光光度计测定的参数,估算所提 DNA 的浓度,并结合电泳结果分析样品的质量。

实验十三　农杆菌介导的拟南芥转化及转基因植物的鉴定

一、实验目的

1. 了解拟南芥花序浸润转化法的基本原理和方法。
2. 学习农杆菌电转化的方法。
3. 了解植物转基因中常用的筛选方法。

二、实验原理

农杆菌介导法是目前双子叶植物基因转化的常用方法,它利用了根癌农杆菌(*Agrobacterium tumefaciens*)的 Ti(tumor inducing)质粒上的一段 T-DNA 区。在农杆菌侵染植物形成肿瘤的过程中,T-DNA 可以被转移到植物细胞并插入到染色体基因组中。因此农杆菌是一种天然的植物遗传转化体系,利用 Ti 质粒天然的遗传转化功能特性,可将外源基因置换T-DNA 中的非必需序列,并通过转化使外源基因整合到受体染色体中而获得稳定表达。

在转化过程中/后,可利用植物表达载体中含有的抗生素抗性标记,对转化子进行初步的筛选。同时利用目的基因的特异引物,通过 PCR 法,可对目的基因在受体植物基因组中的整合进行进一步的鉴定。

拟南芥能利用农杆菌介导法进行稳定的转化,常用的方法包括真空浸润法(vacuum infiltration)、花序浸润法(floral dip)等。与其他植物转化法不同,这些简单、有效的转基因方法不需以组织培养的材料为受体,缩短了实验周期。

三、实验准备

1. 材料
(1) 野生型拟南芥(生态型 Columbia - 0),在盆钵中培养至开花。
(2) 农杆菌:GV3101
(3) 植物表达载体:pCAMBIA 1301
2. 试剂
(1) 拟南芥种子消毒及种植用药品参照实验九。
(2) 农杆菌培养用试剂:LB 培养液(见附录),利福平、卡那霉素、潮霉素等抗生素。
(3) 浸润液:1/2× MS 盐,1×B5 维生素,5% 蔗糖,0.1 mg/L BA,50 μl/L Silwet L-77。
(4) PCR 反应试剂。
3. 器具
培养皿、塑料盆钵、离心机、紫外分光光度计、超净工作台、电转化仪、恒温摇床、水平凝胶电泳仪、紫外成像系统、PCR 仪、微量移液枪、枪头、离心管等。

四、实验步骤

1. 农杆菌电转化感受态制备
(1) 将冷冻保存的农杆菌 GV3101 在 LB 平板上画线,28℃培养过夜。

（2）挑单菌落至 10 ml LB 培养液中，220 rpm，28℃振荡培养 14～16 h。

（3）将 1 ml 菌液稀释至 100 ml LB 液中，振荡培养至细胞生长对数期，OD_{600nm} 约为 0.5～0.8。

（4）冰浴 30 min，轻轻转动。

（5）4℃，4,000 rpm 离心 10 min，弃上清液。

（6）先加入 5～10 ml 冰上预冷的无菌水，用枪头轻轻吹打使沉淀悬浮，再加入无菌水至 100 ml，重复步骤 5～6 两次，分别悬浮细胞于 25 ml 和 12.5 ml 预冷无菌水中。

（7）用 12.5 ml 预冷的 10％甘油悬浮沉淀，4℃，4,000 rpm 离心 10 min，弃上清。

（8）4 ml 预冷的 10％甘油悬浮沉淀，60～80 μl 一管分装，－70℃保存。

2. 电转化

（1）电击杯用 70％的酒精反复冲洗后，用 100％酒精浸泡 30 min，倒置晾干。

（2）从－70℃取出农杆菌感受态细胞，冰上解冻。

（3）载体质粒稀释 100 倍后吸取 3～5 μl 加入感受态细胞中轻轻混匀，与晾干的电击杯一起冰浴冷却。

（4）将感受态与质粒混合物加入电击杯中，勿引入气泡。擦干电极后置入电转仪，用 2,100～2,500V 电击，一般电击时间在 5～7 ms 之间。电击完后立刻取出电击杯，向混合液中加入 500 μl LB 液体培养基，混匀后转移至干净的 1.5 ml 离心管，30℃恢复培养 2～3 h。

（5）4,000 g 离心 5 min，吸除 500 μl 上清液，混匀沉淀后涂板，平板于 30℃正放 30 min 后倒置培养。1～2 天后长出克隆。

3. 农杆菌的 PCR 分析

（1）将 1 μl 农杆菌饱和液稀释至 10 μl 的无菌水中，覆盖一层矿物油，利用 PCR 仪，100℃处理样品 3 min。

（2）按下表建立 20 μl PCR 反应体系：

试 剂	加 样 量
10×PCR buffer	2 μl
2 mmol/L dNTPs	4 μl
20 μmol/L Primer A	1 μl
20 μmol/L Primer B	1 μl
Taq polymerase	0.25 μl
ddH$_2$O	0.75 μl
稀释的农杆菌培养液	11 μl

混合均匀；

（3）进行 35 个循环的 PCR 程序。

（4）用琼脂糖凝胶分析 PCR 产物，有 PCR 目的产物的为转化成功的阳性克隆。

4. 拟南芥花序浸润转化

（1）在转化前三天将平板活化的农杆菌 GV3101 单菌落（含有某个植物表达载体，如 pCAMBIA1301）接入 5 ml 含有 40 μg/ml Rif 的 LB 液体培养液中，28℃振荡培养过夜。

（2）2 天后将 1 ml 菌液接入 200 ml LB 中，继续 28℃振荡培养 24 h。

（3）将菌液离心沉淀后悬浮于 400 ml 浸润液中，将拟南芥花序浸入悬浮液中，约 30 s。用透明塑料纸将转化后的植株包起来，暗培养 1 天后，恢复正常的培养。三周后收集种子。

4. 转化子的筛选

将种子经表面消毒后接种于 1/2MS（含有 10 μg/ml 潮霉素）的培养皿中，4℃ 放置 2 天后，22℃ 培养 7 天后，观察幼苗生长情况，根较长的绿色幼苗可能为阳性转化子，转入土壤中继续生长，直至收获种子，进行下一轮筛选。

图 13-1　拟南芥花序浸润转化法（左图为浸润农杆菌以前的处于盛花期的拟南芥，中图为农杆菌液浸润，右图为浸润农杆菌后继续培养 20～30 天准备收获种子的拟南芥）

五、实验记录与思考

1. 在筛选培养基上培养 7 天后，观察幼苗生长情况，记录阳性转化子的频率。
2. 思考一下，哪几类植物适合用花序浸润农杆菌的方法转基因？

实验十四　用 GUS 基因表达观察启动子功能

一、实验目的

1. 了解报告基因及其应用。
2. 学习研究启动子功能的方法。

二、实验原理

1. 启动子(promoter)

启动子是位于基因 5′端近旁的一段调控序列,能作为 RNA 聚合酶的结合位点,同时也是转录因子结合的位点。分子生物学上,把启动子称为顺式调控元件,把转录因子称为反式作用因子。在真核生物中,主要通过顺式调控元件和反式作用因子的相互作用,对基因表达进行调控。

启动子的功能可以利用报告基因进行方便的检测。

2. 报告基因(reporter gene)

报告基因是一种编码蛋白质或酶的基因,由于其表达产物非常容易被检测,因此成为分子生物学研究中一种重要的工具。将报告基因的编码序列和待测基因表达调节序列相融合形成嵌合基因,或与其他目的基因相融合,报告基因可在调控序列控制下进行表达,从而可通过报告基因表达产物的检测来研究待测目的基因的表达调控。

报告基因一般具备以下特点:

(1) 报告基因产物必须区别于转染前真核细胞内任何相似的产物;

(2) 受体细胞内其他的基因产物不会干扰报告基因产物的检测;

(3) 报告基因编码产物的检测应该快速、简便、灵敏度高而且重现性好。

选择何种报告基因系统是根据研究目的、组织与细胞的类别、信号检测的时间性与空间性,以及首选的检测方法而定。

报告基因主要用于转化子的鉴定,基因表达调控特异性的研究(如不同组织、不同发育阶段基因表达的特点等),内外环境因子对基因表达的影响等。

常用的报告基因有 β-葡萄糖苷酸酶基因(gus)、绿色荧光蛋白基因(gfp)、冠瘿碱合成酶基因、β-半乳糖苷酶基因等。

3. β-葡萄糖苷酸酶(GUS)基因

GUS 由 *uidA* 编码,其产物是葡萄糖苷酸酶(β-glucuronidase)。该酶是一种水解酶,能催化许多 β-葡萄糖苷酯类物质的水解。GUS 是广泛用于转基因植物、细菌和真菌的报告基因,尤其在研究外源基因瞬时表达的转化实验中。

GUS 检测方法包括组织化学染色定位法(定性)和荧光法(定量)。组织化学染色定位法的原理是利用 GUS 基因产物,将无色的底物 X-gluc 催化生成蓝色的产物。在进行荧光法定量时,以 4-甲基伞形酮酰-β-D-葡萄糖醛酸苷(MUG)为底物,GUS 催化其水解为 4-甲基伞形酮及 β-D-葡萄糖醛酸。4-甲基伞形酮分子中的羟基解离后被 365nm 的光激发,产生 455nm 的荧光,可用荧光分光光度计定量。

4. 本实验内容说明

利用 *pIAA*2∷*GUS* 和 *pDR*5∷*GUS* 等转基因拟南芥幼苗,通过观察 GUS 表达位点,以研究启动子的功能。观察的内容包括:

(1) 观察 GUS 表达的组织特异性

观察不同组织(根,叶等)GUS 活性的强弱,出现蓝色的地方即是 *IAA*2 或 *DR*5 启动子工作的地方。

(2) 影响基因表达的因素

影响 GUS 表达的因素就是影响启动子功能的因素。如:外源生长素处理实验表明生长素是影响这个启动子工作的因子之一。

此外,我们可利用杂交实验观察其他基因对所研究启动子功能的影响,如将 *IAA*2∷*GUS* 的转基因植物和一些突变体杂交,研究在某些基因突变的条件下,*IAA*2 的工作状态发生的变化。

也可以将启动子切割成不同长度的片段,再连上报告基因,以确定启动子中的关键部分。当启动子中的关键部分缺失时,启动子无法工作,GUS 染色为阴性。就 *IAA*2 启动子而言,auxin response element (AuRE)(生长素反应元件)5′-TGTCTC-3′ 是一个很重要的区域。

三、实验准备

1. 材料:拟南芥 *pIAA*2∷*GUS* 及 *DR*5∷*GUS*。

2. 试剂:拟南芥萌发及培养所需器皿和试剂,参见实验一。0.1 μmol/L IAA、GUS 染液、乙醇等。

3. 器具:微量移液枪、枪头、微量离心管、显微镜、玻片等。

四、实验步骤

1. 育苗:*pIAA*2∷*GUS* 和 *DR*5∷*GUS* 转基因拟南芥种子经表面消毒后接种于无菌的 B5 琼脂培养基,22℃恒温培养。

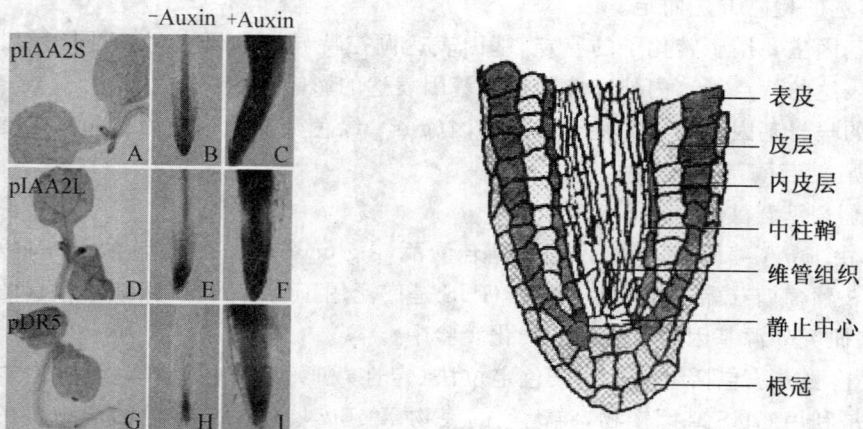

图 14-1　拟南芥幼苗 *GUS* 表达部位及对生长素的响应(图左)。*pIAA*2S∷*GUS* 和 *DR*5∷*GUS* 为文献中报道的材料,*pIAA*2L∷*GUS* 为本实验室自己制作的材料。拟南芥根结构的模式图见图右。

2. 生长素处理：2 周后将拟南芥小苗转接至含有生长素(0.1 μmol/L IAA)的新鲜培养基中处理 1 天。

3. GUS 染色：取不同处理的材料(如整株小苗、叶片或根)放入微量离心管进行 GUS 染色，37℃染色 0.5～1.5h；如观察叶片，需要将染色后的叶片在 70％乙醇浸泡 5～60 min，以除去叶绿素。

4. 镜检：在低倍镜或解剖镜下观察不同组织、不同处理条件下 GUS 表达的部位及强弱差异。

五、实验记录与思考

1. 请记录不同转基因材料中 GUS 基因表达的部位，说明 GUS 染色阳性与待测基因表达调控的关系。

2. 思考题：什么叫报告基因，它在生物学研究中有哪些应用？

实验十五　拟南芥 SNP 遗传标记的检测

一、实验目的

1. 学习单核苷酸多态性(SNP)的概念,了解它作为新型分子标记的应用。
2. 了解 SNP 检测的技术及原理。

二、实验原理

1. SNPs 的概念

单核苷酸多态性(single nucleotide polymorphism,SNPs)是指在基因组水平上由于单个核苷酸位置上存在转换、颠换、插入、缺失等变异所引起的 DNA 序列多态性。在一个群体中,当基因组内特定核苷酸位置上存在两种不同核苷酸且出现频率大于 1‰(也有人提出2%)时,被视作 SNP。由于这种界标数目极多,覆盖密度大,由此可以大大提高基因组作图和基因定位的精度。

2. 单核苷酸多态性的检测与分析

SNPs 的检测最初是应用凝胶电泳方法为基础的 DNA 测序,近年来一些半自动或全自动识别和检测大量 SNPs 的方法正在发展起来。现用的实验方法有基于凝胶电泳的限制性片段长度多态性(RFLP)、等位基因特异的寡核苷酸杂交(ASO)、单链构象多态性(SSCP)分析、以荧光共振能量传递为基础的 Taqman 法和 DNA 芯片、质谱法、微测序法等。由于这些方法价格昂贵以及本身的性能问题,目前还处于发展阶段,未被广泛推广使用。

变性高效液相色谱(DHPLC)是近几年发展起来的一种高效、快速筛检 SNP 的技术,因其高灵敏度、低成本以及全自动化操作等优点而备受关注。

另外,环球基因公司(Transgenomics,Inc.)新开发的 CEL1 酶能识别单碱基错配,也被应用于 SNP 的检测。

3. 本实验原理

本实验利用聚丙烯酰胺电泳,观察拟南芥不同生态型中某基因片段的 SNP。根据测序结果,拟南芥不同生态型 Ws 和 Col 的 At5g62130 片段相对分子质量大小相同,但存在单一位点的差异,而这种差异用常规的琼脂糖凝胶电泳无法区分。

我们首先利用 PCR 扩增拟南芥 At5g62130 片段,然后对 PCR 产物进行变性和复性后,用聚丙烯酰胺电泳分离。由于 SNPs 的存在,Ws、Col 中 At5g62130 扩增片段,因其构象不同,可根据其泳动速率的差异而区分。而对于 Ws 和 Col 杂交 F_1 代(杂合子)个体,PCR 产物一定含有两种存在单一位点差异的不同 DNA,并且两者的比例为 1:1,将 PCR 产物进行变性复性,会形成同源双链和异源双链(图 15 – 1)。因此,通过聚丙烯酰胺电泳后,三种构象不同的产物可以区分开来。

野生型　突变体　　　异源双链　　　同源双链

变性
退火
→

AT　GC　　　　A C G T　　　AT　GC

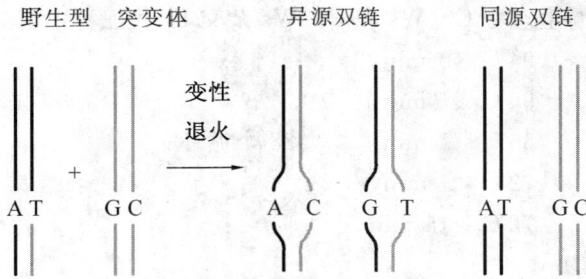

图 15-1　通过杂交产生同源和异源双链的示意图

三、实验准备

1. 材料

拟南芥 Columbia-0,Ws 两种生态型和 Columbia-0、Ws 杂交 F_1 代小苗。

2. 试剂

(1) CTAB 提取缓冲液:100 mmol/L Tris-Cl (pH 8.0),20 mmol/L EDTA (pH 8.0),1.4mol/L NaCl,2% (W/V) CTAB。

(2) 氯仿、异丙醇、75%乙醇、无菌水等。

(3) PCR 引物和 PCR 反应试剂,包括 PCR buffer、dNTP、Taq 酶等。

(4) 14%聚丙烯酰胺凝胶、DNA 上样缓冲液、DNA 相对分子质量 Marker、TBE 电泳缓冲液、EB 染色液等。

3. 器具

水浴锅、微量离心机、水平电泳仪、垂直电泳仪、凝胶成像系统、微量移液枪及吸头、微量离心管、PCR 仪等。

四、实验步骤

1. 采用 CTAB 法提取不同生态型(Columbia-0、Ws 和 Columbia-0、Ws 杂交 F_1 代)拟南芥基因组 DNA,具体步骤参见实验十二。

2. 利用 PCR 扩增拟南芥基因 At5g62130 片段,反应体系见表 15-1。

表 15-1　PCR 条件

试　　剂	加　样　量
上、下游引物(10 μmol/L)	0.5 μl+0.5 μl
10×PCR buffer	2 μl
dNTP(25 mmol/L)	2 μl
Taq DNA 聚合酶	0.2 μl
ddH$_2$O	13.8μl
模　　板	1 μl
共　　计	20 μl

模板为拟南芥不同生态型 C0、Ws 和 C0、Ws 杂交 F_1 代三种小苗的基因组 DNA。

PCR 反应程序：　　　94℃　　5 min，

94℃　　1 min，

56℃　　1 min，⎫

72℃　　1 min，⎬ 28 个循环

72℃　　15 min

PCR 产物长度为 1057 bp。

3. PCR 产物的变性和复性

取 PCR 产物 10 μl，覆盖石蜡油后，94℃变性 5 min，42℃复性 30 min。

4. 聚丙烯酰胺(14%)凝胶电泳，300V，1.5h，电泳缓冲液为 0.5×TBE。

5. 电泳完毕后，凝胶用 0.5 μg/ml EB 的 TBE 溶液染色 15 min，在紫外灯下观察条带。

五、实验记录与思考

1. 拍摄电泳结果，标明每个泳道的样品(图 15-2 为示范图)，简要说明形成这些条带差异的原因。

图 15-2　拟南芥 At5g62130 基因的 SNP 观察

(左：1%琼脂糖凝胶电泳图，观察不到 SNP；右：14%聚丙烯酰胺凝胶电泳图，能观察到明显的 SNP。M 为相对分子质量标记，Co 和 Ws 为拟南芥的两个生态型。该 SNP 由本实验室发现。)

2. 简述 SNPs 检测在反向遗传学研究中的应用。

实验十六　拟南芥愈伤组织及悬浮细胞系的建立

一、实验目的

1. 学习植物愈伤组织诱导的基本原理和方法。
2. 初步建立拟南芥愈伤组织及悬浮细胞系。

二、实验原理

在植物组织培养中,原已分化的外植体(根、茎、叶等)细胞,能重新进行分裂生长,形成没有组织结构的细胞团,即愈伤组织,这个过程称脱分化。愈伤组织在适当的培养条件下可分化为根和芽的现象称为再分化。植物激素在再分化中起重要作用。

愈伤组织分化为根还是芽,受培养基中生长素和细胞分裂素的相对浓度的影响。生长素/细胞分裂素比值高时,促进根的分化;比值低时,则促进芽的分化;两种激素浓度相等,则愈伤组织生长占优势或不分化。因此可以通过改变两种激素的相对浓度,有效地调节愈伤组织再分化的进程。

三、实验准备

1. 材料:拟南芥 Wassilewakija(Ws)生态型种子。
2. 试剂:培养基

(1) MS 固体培养基:Murashige and Skoog 基本培养基,3% (W/V) 葡萄糖,0.8% (W/V)琼脂,pH 5.8。

(2) 悬浮液体培养基:MS 基本培养基,3% (W/V) 葡萄糖,1 mg/L 2,4-D,0.1 mg/L kinetin,pH 5.8。

(3) 愈伤诱导培养基:B5 基本培养基,2% (W/V) 葡萄糖,2% (W/V)琼脂,1 mg/L 2,4-D,0.1 mg/L 激动素,pH 5.7。

(4) 植株再生培养基:MS 基本培养基,5.0 mg/L 玉米素,3%(W/V)琼脂。

所有培养基均需高压灭菌,装有培养基的平皿需用 Parafilm 膜封口。

种子消毒用试剂:70%乙醇、10%次氯酸钠溶液、无菌水。

3. 器具:恒温培养箱、恒温摇床、平皿、三角烧瓶、玻璃移液管、镊子、解剖刀。

四、实验步骤

1. 种子消毒:方法见实验十。
2. 萌发:将种子播在含 MS 固体培养基的平皿上,4℃冰箱中放置 2 天后,置于 22℃培养箱中培养。
3. 愈伤组织的诱导:2 周后,用无菌的解剖刀将小苗切成 2 mm 左右的小段,转移到愈伤诱导培养基上。
4. 愈伤组织的建立及继代:几天后就可看到愈伤组织的形成。一个月后,挑选颜色鲜艳,生长快速,结构松散的愈伤组织进行继代。继代约每月一次。
5. 悬浮细胞系的建立:取继代后15天约 2 g 左右的小块愈伤组织放入含有 50 ml 悬浮

液体培养基的 250 ml 三角培养瓶,在摇床上振荡培养(100 rpm,22℃,暗培养)。7～10 天后进行继代。

6. 继代:7 天后,吸取分散出来的细胞或细胞团块到一个新的三角瓶中,适当保留一些老的培养液(约为总量的 1/3),再加入新鲜培养液进行继代。以后每隔 7 天继代一次,一个月后就可得到生长快速,分散均匀的悬浮细胞系。

7. 再生:将愈伤组织转移到植株再生培养基上诱导小芽的产生,2～4 周后,在原先结构紧密的愈伤组织上可看到颜色变绿,有小芽产生。将小芽从愈伤组织中分离出来,转移到无激素的 MS 培养基上以诱导再生苗的生长。

图 16 - 1　拟南芥愈伤组织(左)、悬浮细胞系(中)及再生植株(右)(本实验室材料)

五、实验记录与思考

1. 你实验中的愈伤组织诱导率是多少?
2. 愈伤组织和悬浮细胞有哪些区别?

酵母系列实验

酿酒酵母（*Saccharomyces cerevisiae*）通常又被称为面包酵母（baker's yeast）。酵母菌虽然形态简单，但由于生理较复杂，种类多，应用极其广泛。在工业上可用于啤酒和葡萄酒的酿造及酒精生产，在医药上可用于酵母片（治疗消化不良）及核酸类衍生物、辅酶 A、细胞色素 c、谷胱甘肽和多种氨基酸原料的制造。

酵母一直被认为是一种理想的遗传学研究好材料。早在 20 世纪 30 年代，Winge 和他的同事们就开创了酵母遗传学研究。大约 10 年以后，Lindegren 和他的同事们开始了更全面的工作。这两个研究小组建立了酵母遗传学研究的基本原理和方法。酵母属单细胞真核生物，与植物和动物等真核生物相同，具有复杂的细胞结构。酵母易于培养，世代周期短、生长快速，每 10 ml 培养物中可得到 10^8 个细胞，与其他真核生物相比，研究者能获得更多的实验材料用于研究。酵母作为实验材料的优越性还体现在它能以单倍体和多倍体两种形式生长，单倍体细胞便于隐性突变的鉴定，在二倍体细胞中通过这些突变的组合可做互补分析。在实验室可以通过简单的平板影印、突变体分离及通过解剖四分体子囊分离减数分裂产物等手段开展各种研究。尽管酵母比细菌的遗传性状复杂得多，但许多用于原核微生物和病毒的分子遗传学技术同样适用于酵母，技术上的进步使酵母成为深入了解真核生物组织和调控机制的重要模型。

依赖于同源重组的有效转化系统是酵母遗传学研究的基本工具，通过转化可将正常染色体基因座直接置换成某个特定的 DNA 序列，这种简单直接的基因置换技术在真核生物中是独一无二的。酵母细胞对外源 DNA 分子的转化十分敏感，进行转化时需构建质粒，质粒携带以功能酵母基因形式出现的标记，可通过标记基因的出现与否筛选转化子。此外研究中还常常用到在酵母和细菌之间转移基因的具有自我复制能力的穿梭载体。这种载体携带来自细菌质粒的复制起点和抗生素抗性基因，能在酵母中复制和筛选转化子。DNA 转化使酵母可以很方便、有效地用于基因克隆和基因工程技术，与任何一种遗传学特征相对应的结构基因都可以通过与质粒文库的互补作用而被鉴定出来。

酿酒酵母基因组 DNA 全序列的测定是现代遗传学最新的成就之一，它汇集了公开的序列数据库，一些互联网网址提供了方便而有序的进入序列数据库的途径，其中酵母基因组数据库（Saccharomyces genome database，SGD）和慕尼黑蛋白序列信息中心（Munich information center for protein' sequences，MIPS）较为常用。

单倍体酵母有 16 条染色体，其中 I 号染色体最小，长度为 230 kb。最大的为 Ⅶ 号染色体，大小为 2,060～3,060 kb，不同菌株串联重复的核糖体 RNA 基因数目不同，拷贝数为 100～200 不等。酵母基因组大小约 13Mb，含 6,275 个基因，大约仅 5,800 是真正具有功能的基因，据估计与人类基因组具有 23％相似性。很多人类蛋白质的研究都是以酵母中同源蛋白的研究起步的，其中包括各种信号蛋白、细胞周期蛋白和蛋白加工中的酶等。

再加上酵母中各种突变体的存在，使酵母成为真核生物细胞学功能和基因组精细研究的首选生物。

　　酵母已经被成功地用于遗传学研究的各个领域，例如诱变、重组、染色体分离、基因表达调控、线粒体遗传学等。酵母遗传学研究的数据表明，这种单细胞低等生物在基因的表达、组织、生物功能执行、分化等过程与多细胞高等生物具有相似的特点，因此酵母的研究成果对于我们认识自身的发育、生化、遗传组成及进化具有极大的启发作用。

实验十七　酵母细胞的培养

一、实验目的

1. 学习培养和观察酵母细胞的方法。
2. 了解酵母细胞的生长特性和生活周期。

二、实验原理

酿酒酵母菌属于酵母菌科。单细胞,细胞呈卵圆形或球形,具细胞壁、细胞质膜、细胞核(极微小,常不易见到)、液泡、线粒体及各种贮藏物质,如油滴、肝糖等。

酿酒酵母细胞以出芽方式生长。出芽细胞为母细胞,新产生的为子细胞。细胞生长刚刚开始时,一个母细胞上就会出现一个新芽,然后不断生长直至细胞周期结束时才从母细胞上分离下来。在指数增长的酵母细胞培养物中,大约有 1/3 的细胞出现小芽。当营养物被耗尽时,它们就会像未出芽的细胞一样停止生长,而滞留在细胞周期的某一阶段。因此掌握培养物生长状态的一种简单办法就是在显微镜下确定细胞的出芽频率。注意,对一些菌株而言,尽管它们已完成了胞质分裂,但母细胞和子细胞仍粘附在一起。在这种情况下,镜检前必须对培养物进行振荡或超声波处理,以分离细胞。

酵母细胞可以单倍体和二倍体两种形式生长,单倍体和二倍体细胞在形态上十分相似,但也有以下一些差异。第一,二倍体细胞比单倍体细胞大,细胞直径大约为单倍体细胞的 1.3 倍。因此二倍体细胞常常用于荧光镜检,有助于分辨微小的细胞结构。第二,二倍体细胞呈长形或椭圆形,而单倍体细胞通常近似圆形。第三,两者出芽方式不同。酵母细胞在衰老之前一般出芽 20 次,在母细胞表面以固定的方式连续出芽。单倍体一般沿轴的方向出芽,每个芽与前一个芽紧密相连。二倍体细胞以极向方式出芽,连续的芽可出现在母细胞的任何一端。用钙荧光素处理后可观察细胞的出芽方式。

酵母细胞的直径约为 5 μm,在光镜下就可观察到它的许多特征。在实验室中,最好定期右相差显微镜下观察酵母细胞培养物,以掌握细胞的生理状态,避免发生污染。在大多数现代酵母细胞生物学研究中,要经过蛋白特异抗体处理或特异结合某些细胞器的荧光染料处理后,才能对细胞进行复杂的镜检。本实验中利用 DAPI(4,6-二脒基-2-苯基吲哚)标记 DNA(图 17-1)。DAPI 是一种可以穿透细胞膜的荧光染料,和双链 DNA 结合后可以产生比 DAPI 自身强 20 多倍的蓝色荧光。

三、实验准备

1. 材料

酵母菌株 W303-1A,基因型为 *MATa {leu2-3,112 trp1-1 can1-100 ura3-1 ade2-1 his3-11,15}*。

2. 试剂

(1) YPD 培养液。

(2) DAPI(4,6-二脒基-2-苯基吲哚)储存液,1 mg/ml。

(3) 封固剂:溶解 100 mg 对苯二胺于 10 ml PBS,用 0.5 mol/L 碳酸钠缓冲液(pH 9.0)

调节 pH 至 8.0,加入甘油至体积为 100 ml。加入 DAPI 至 50ng/ml。充分混匀,储存于 −20℃。当封固剂陈旧时,颜色变褐色。

(4) 70%乙醇、Triton X-100。

3. 器具

血球计数板、摇床、恒温培养箱、超声波振荡仪、分光光度计、带紫外滤片的显微镜、微量离心管、移液枪等。

四、实验步骤

1. 酵母的培养

酵母细胞可用液体培养,也可在含有固体培养基的平板上培养,最常用的培养基为 YPD 培养基。

2. 酵母植板效率(plating efficiency)的测定

植板效率用于测定菌株培养液中细胞形成菌落的能力(有时称菌落形成单位,colony forming units,CFUs),有直接法和间接法两种方法。

(1) 间接法

① 通过光密度或血球计数板测定培养液中的细胞密度。

② 计算细胞浓度达到 10^3/ml 所需的稀释倍数,用超声波振荡仪使细胞分散,用蒸馏水稀释。

③ 将 0.2 ml 稀释液铺在 YPD 平板上,根据菌株选择适宜的培养温度,培养几天后统计形成的菌落数。

④ 计算:植板效率=菌落数/200,以小数表示,100 个菌落相当于植板效率为 0.5。

(2) 直接法

① 取液体振荡培养的酵母培养液,细胞浓度约 $10^6 \sim 10^7$/ml。超声波处理使细胞分散。

② 将 0.2 ml 细胞培养液涂布在一个 YPD 平板上,使溶液干燥。

③ 将平板放在适宜温度培养 16～24 h。

④ 用显微镜观察平板表面,存活的细胞将产生一个小的 50～100 个细胞组成的圆形微菌落。死细胞不能形成菌落,而形成紊乱的 1～10 个细胞的聚合体。统计死活细胞数,计算植板效率。

3. 分光光度计测定酵母细胞密度

(1) 取 1 ml 酵母液体培养液放入微量离心管,并根据培养液中细胞浓度进行适当的稀释,使 $OD_{660} < 1$。

(2) 超声波处理后转移到比色皿中,以不长菌的培养基作空白对照,测定样品的 OD_{660}。

(3) 利用表格计算单倍体细胞的细胞密度,二倍体细胞的密度为单倍体的 1/2。

注:每种菌株之间会有差异,如需精确计算,需对实验所用菌株进行 OD_{660} 测定及细胞计数,以绘制标准曲线。

4. 酵母细胞活性染色:利用 DAPI(4,6-二脒基-2-苯基吲哚)进行核染色。

(1) 当细胞培养到约 10^7/ml 时,离心(5 s)收集细胞,再悬浮于 70%乙醇中。

(2) 固定 5 min 或 5 min 以上,用水洗 2 次。

(3) 将细胞悬浮在含有 50 ng/ml DAPI 的封固剂中。(1 mg/ml 的 DAPI 母液可在

—20℃储存)。

(4) 用紫外滤片组观察。

用甲醛固定的细胞也能在封固剂中用 DAPI 染色,DAPI 还能以 1 μg/ml 的浓度对生长培养中的活细胞染色。但活细胞的染色背景没有固定化细胞那么清晰。

注:DAPI 是一种可能的致癌物,如吸入、吞下或通过皮肤吸收是有害的,也可能引起炎症。必须戴手套、面具和安全镜,不要吸入粉尘。

5. 菌种的活化和保存

(1) 酵母的保存

酵母菌株可在 15%(V/V)甘油中置于—60℃或更低温度下永久保存。用无菌棒或牙签将平板上细胞刮下来放入装有 15% 无菌甘油小瓶中,充分混合均匀后冷冻保藏。

(2) 酵母的活化

一般情况下,冷冻保藏的酵母划线或涂布于固体培养基上即可复苏生长。

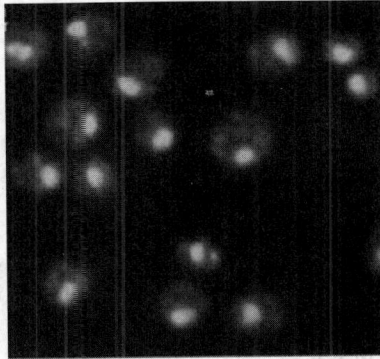

图 17 - 1　DAPI 染色的酵母细胞

五、实验记录与思考

1. 实验中,你所用到的酵母菌株的植板效率如何?

2. 酵母的生长速度比大肠杆菌快还是慢?

实验十八　　酵母 DNA 的小量制备

一、实验目的

学习酵母 DNA 制备的原理和方法。

二、实验原理

由于酵母细胞存在细胞壁结构,因此必须先进行细胞壁的消化,随后用 SDS 裂解原生质体释放核 DNA。用这种方法可获得几微克酵母 DNA,用于限制性内切酶酶切或作为 PCR 反应模板。

三、实验准备

1. 材料

适量酵母 W303-1A 细胞培养物。

2. 试剂

（1）YPD 培养基。

（2）异丙醇、5 mol/L 乙酸钾、SDS（10％ W/V）、乙酸钠（3 mol/L, pH 7.0）,TE 缓冲液（pH 7.4)等。

（3）酵母悬浮缓冲液：50 mmol/L Tris-Cl(pH 7.4),20 mmol/L EDTA(pH 7.5)。

（4）TE 缓冲液(pH 8.0),含 20 μg/ml RNase。

（5）山梨醇缓冲液,含 1 mol/L 山梨醇,0.1 mol/L Na_2 EDTA(pH 7.5)。

（6）消解酶 100T,2.5 mg/ml,溶于山梨醇缓冲液。

3. 器具

恒温培养箱、水浴锅、微量离心机、微量移液枪及吸头、微量离心管、水平电泳仪、紫外分光光度计。

四、实验步骤

1. 酵母接种于 5 ml YPD 中,置于 30℃,250 rpm 培养过夜。

2. 将 5 ml 细胞培养液转入离心管,2000 rpm 离心 5 min 沉淀细胞,弃上清液。

3. 将细胞悬浮在 0.5 ml 1 mol/L 山梨醇缓冲液中,并转到 1.5 ml 离心管。

4. 加入 20 μl 的消解酶 100T 溶液,37℃保温 1 h。

5. 离心 1 min 收集细胞,去除上清。

6. 将细胞悬浮于 0.5 ml 的酵母悬浮缓冲液中。

7. 加 10％ SDS 50 μl,快速颠倒管子以混匀。65℃,保温 30 min。

8. 加入 5 mol/L 乙酸钾 0.2 ml,冰浴 1 h。

9. 以 12000 g 离心,4℃,5 min。

10. 室温下用大孔径吸头将上清转移到一个新的微量离心管。

11. 加等体积室温的异丙醇,混匀后室温放置 5 min(不能超过 5 min)。

12. 12000 g 离心 10 s,吸去上清液,沉淀在空气中干燥 10 min。

13. 将沉淀溶于 300 μl 的 TE 缓冲液(pH 7.4)。

14. 加入 15 μl 的 1 mg/ml RNase A 溶液,37℃保温 30 min。(此步骤也可省)

15. 加入 30 μl 的 3 mol/L 乙酸钠(pH 7.0),混匀后加 0.2 ml 异丙醇,再次混匀,12000 g 离心 20 s,收集 DNA 沉淀。

16. 吸去上清液,沉淀在空气中干燥 10 min。沉淀溶于 100～300 μl 的 TE (pH 7.4)中。

17. 通过琼脂糖电泳检查 DNA 样品的质量,或用紫外分光光度计测定 DNA 浓度和质量。

五、实验记录与思考

1. 记录用紫外分光光度计测定的 DNA 浓度和质量。
2. 比较酵母、果蝇、拟南芥在 DNA 提取方法方面的异同。

实验十九 酵母的转化

一、实验目的

学习酵母转化的基本原理和方法。

二、实验原理

酿酒酵母是唯一能进行 DNA 转化且引入的 DNA 与酵母基因组 DNA 之间可以发生高频率同源重组的真核生物。成功的转化实验需要具备以下几个条件:一种将 DNA 引入细胞的合适方法;引入 DNA 的选择标记,该选择标记在相应染色体上不发生回复突变;克隆 DNA 所使用的质粒可在大肠杆菌和酵母菌中复制。

最初采用的酵母转化方法是在 PEG 和 $CaCl_2$ 存在的条件下,将 DNA 和原生质体细胞一起培养。一种更简便和广泛使用的方法是先用碱性盐醋酸锂处理细胞,再与 DNA 和 PEG 一起进行培养。此外,电转化法、包裹 DNA 微粒轰击法及细菌和酵母细胞的直接接合法也可将 DNA 引入酵母细胞。究竟选择何种方法取决于实验的目的,即是要转化受体菌株的数量还是要得到转化子的数量。转化效率往往是最重要的考虑因素,在最适条件下,使用原生质体、醋酸锂处理和电转化均可进行高频率的转化。

三、实验准备

1. 材料:酵母菌株 EGY48(MAT2,ura3,his3,trp1)。
2. 试剂:
(1) 高相对分子质量 DNA(鲑鱼睾丸脱氧核糖核酸钠盐 type Ⅲ;Sigma)。
(2) 1 mol/L 醋酸锂(LiAc,10×):配置 1 mol/L 储液,称取 LiAc 粉末 10.2 g,加 ddH_2O 至100 ml,将最终 pH 值调至 8.4～8.9 之间,过滤除菌。
(3) 用于转化的质粒 DNA:pGBKT7 - 53。
(4) 聚乙二醇溶液(PEG 3350),50%(W/V)。
(5) TE 缓冲液(pH 8.0)。
(6) 待转化的酵母菌株:Y187。
(7) YPAD 液体培养基或合成完全培养基(Synthetic Complete,SC),配方见附录。
(8) 含筛选培养基的平板:SC - Trp 单缺平板。
3. 器具:水浴锅、恒温培养的摇床、移液枪及吸头、微量离心管、玻璃三角瓶、离心机。

四、实验步骤

1. 酵母细胞的准备
(1) 将酵母菌接种于 5 ml YPAD 或 10 ml SC 液体培养基中,30℃,250 rpm 培养过夜。
(2) 对过夜的培养物进行细胞计数,并按一定比例,接种到 50 ml YPAD 中,使细胞浓度为 $5×10^6$ ml 培养液。
(3) 30℃,200 rpm 培养,直至细胞浓度达 $2×10^7$/ml,一般需 3～5 h,能提供 10 次转化

所需细胞。

（4）用无菌的 50 ml 离心管 3003 g 离心 5 min 以收获细胞。

（5）倒去上清液，将细胞悬浮于 25 ml 无菌水中，再次离心。

（6）弃上清液，悬浮细胞于 1 ml 的 100 mmol/L 醋酸锂，将悬浮液转移至无菌的 1.5 ml 微量离心管。

（7）12000 g 离心 5 s，移去上清。

（8）将细胞重新悬浮于 100 mmol/L 醋酸锂中，至终体积为 500 μl，调节醋酸锂溶液的体积使细胞浓度为 2×10^9/ml。

2. 载体 DNA 的制备

按下列方法制备单链载体 DNA（2 mg/ml）。

（1）溶解 200 mg 高相对分子质量鲑鱼睾丸 DNA 于 100 ml TE 缓冲液，用 10 ml 枪头上下反复吹打，使 DNA 分散。用搅拌器搅拌至 DNA 完全溶解（2～3 h），或在低温室中混匀过夜。

（2）分装 DNA，每管 100 μl 或 1 ml，存储于 −20℃。

（3）使用前，将 1 ml DNA 煮沸 5 min，迅速在冰浴中冷却。

（4）将酵母细胞悬浮液涡旋，将其中 50 μl 转移至微量离心管，离心使细胞沉淀，用枪头移去醋酸锂。

3. 转化

（1）按以下配方在 1.5 ml eppendorf 管中加样。

试　　剂	加 样 量
PEG（50% W/V）	240 μl
醋酸锂（1 mol/L）	36 μl
单链载体 DNA（2 mg/ml）	25 μl
质粒 DNA	0.1～10 μg
H$_2$O	50 μl

（2）涡旋，直至细胞沉淀完全混匀（约 1 min）。

（3）30℃培养 30 min。

（4）42℃水浴中热击处理 20～25 min（不同菌种选择不同热击时间）。

（5）6000～8000 rpm 离心 15 s，用枪头移去转化混合液。

（6）每管加入 0.2～1 ml 无菌水用枪头轻轻吹打，悬浮沉淀。为获得最高转化效率尽可能动作轻柔。

（7）将 200 μl 转化液接种到 SC－Trp 选择平板上。

注：1. 煮沸过的载体 DNA 如重复使用将降低转化效率。

2. 煮沸过的载体 DNA 可冷冻再使用 3～4 次。如同一批次的 DNA 转化效率降低，则再次煮沸或 DNA 换一批次。

3. 质量差的质粒 DNA 会降低转化率，通过酚/氯仿抽提可提高质粒 DNA 质量。

五、实验记录与思考

1. 记录你实验中的酵母转化效率。

2. 比较酵母和大肠杆菌在转化技术方面的差异。

实验二十　利用酵母双杂交分析蛋白质－蛋白质相互作用

一、实验目的

1. 了解酵母双杂交的基本原理及应用。
2. 利用酵母双杂交试验检测蛋白之间的相互作用。

二、实验原理

酵母双杂交系统是分析蛋白质之间相互作用的一种有效的遗传学分析方法,由 Fields 和 Song 等首先建立,并用于真核基因转录调控的研究。

典型的真核生物转录因子(如 GAL4、GCN4 等)都含有两个不同的结构域:DNA 结合结构域(DNA-binding domain,DBD)和转录激活结构域(transcription-activating domain, AD),它们是转录激活因子发挥功能所必需的。前者使转录因子专一性地结合基因上游的特异 DNA 序列;而后者可与转录复合体的其他成分作用,启动它所调节基因的转录。在酵母双杂交系统中,来自同一转录因子或不同转录因子的两个结构域,被分别克隆在两个载体上,引入酵母细胞后,可以重组成一个有功能的完整转录因子。并利用含有这两个结构域的杂交蛋白激活报告基因的表达来检测蛋白—蛋白的相互作用,其基本原理和筛选策略如图 20-1 所示。

两个待测蛋白质以杂交分子的形式进行表达。其中一个蛋白分子与某个转录因子如 Gal4 或 LexA 的 DNA 结合域(DNA-binding domain,DBD)融合,被称为"bait"(诱饵),另一个蛋白与转录活化域融合,被称为"prey"(猎物,或称靶蛋白)。这两个杂合体由不同的酵母表达质粒编码,各自带独立的筛选标记。

采用的酵母菌株带报告基因,如 lacZ、HIS3 或 URA3 等。报告基因的调控区包含 DBD/protein X 融合(bait)的 DNA 结合位点(启动子序列)。这些启动子序列可作为上游活化序列(upstream activating sequences,UAS)。

用酵母菌株转化编码 bait 和 prey 的表达载体。如果 X 蛋白能在核中与 Y 蛋白相互作用,使 DNA 结合域与活化域靠近,从而引起转录活化及报告基因的表达。

可通过两种途径检查携带报告基因的酵母菌株的阳性反应:

1. 可通过营养缺陷型标记进行平板上的筛选,如组氨酸或尿嘧啶。包含表达相互作用的 bait 和 prey 质粒的酵母细胞能在平板上生长并形成菌落。

2. 通过酶活性分析检测阳性相互作用,如半乳糖苷酶。利用此法可在营养缺陷型筛选基础上降低假阳性率或进行相互作用强度的定量测定。

本实验采用 Invitrogen 公司的 ProQuest™ Two-Hybrid System 试剂盒,验证两个已知蛋白之间的相互作用,主要步骤包括:(1)构建 bait 质粒;(2)构建 prey 质粒;(3)用 bait 质粒和 prey 质粒转化酵母细胞;(4)验证报告基因(HIS3,URA3,LacZ)的活性。

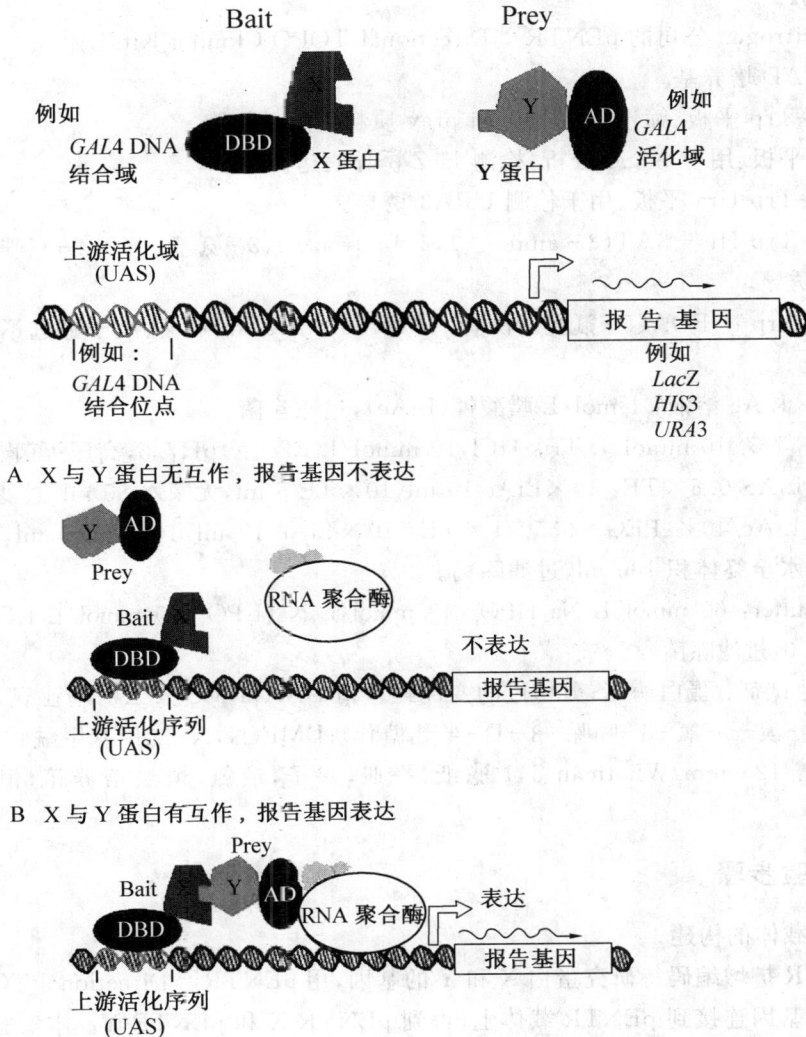

图 20-1　酵母双杂交原理示意图

三、实验准备

1. 材料

（1）酵母表达载体 pDEST™32：包含 GAL4 DNA 结合域（GAL4 DBD）的 Gateway® Destination Vector。该载体用于克隆具有 GAL4 DBD 编码序列的目的基因（形成 bait）。pDEST™22：包含一个 GAL4 活化结构域（GAL4 AD）的 Gateway® Destination Vector。该载体用于克隆具有 GAL4 AD 编码序列的第二个目的基因（作为 prey）。pDEST™32 载体编码庆大霉素抗性，而 pDEST™22 编码氨苄抗性。

（2）酵母菌株 MaV203：作为 bait 和 prey 质粒的宿主菌。MaV203 包含三个单个拷贝的报告基因（HIS3，URA3 和 lacZ），并稳定整合在酵母基因组的不同位点。URA3，HIS3 和 lacZ 启动子区互不相关（除了 GAL4 结合位点的出现）。

2. 试剂：

(1) Invitrogen 公司的 pENTR™ Directional TOPO Cloning Kits。

(2) YPAD 培养基。

SC-Leu-Trp 平板、筛选转化 bait 和 prey 质粒的酵母细胞。

YPAD 平板、用于 X-gal 分析,检测 lacZ 诱导表达。

SC-Leu-Trp-Ura 平板、用于检测 URA3 诱导。

SC-Leu-Trp-His+3AT(3-amino-1,2,4-triazole,3-氨基-1,2,4-三唑)平板、用于检测 HIS3 诱导。

SC-Leu-Trp+5FOA(5-氟乳清酸,5-fluoroorotic acid)平板、用于筛选不诱导 URA3 的酵母细胞。

(3) 10×LiAc 溶液：1 mol/L 醋酸锂(LiAc),过滤除菌。

(4) 10×TE：10 mmol/L Tris-HCl,10 mmol/L EDTA,pH7.5,高压灭菌。

(5) 1×LiAc/0.5×TE：10×LiAc 10 ml,10×TE 5 ml,无菌水 85 ml,过滤除菌。

(6) 1×LiAc/40% PEG-3350/1×TE：10×LiAc 10 ml,10×TE 5 ml,PEG-3350 40 g,加无菌水至终体积 100 ml,过滤除菌。

(7) Z buffer：60 mmol/L Na_2HPO_4,40 mmol/L NaH_2PO_4,10 mmol/L KCl,1 mmol/L $MgSO_4$,pH7.0,过滤除菌。

(8) 其他试剂：蛋白酶 K；剪切过的变性鲑鱼精 DNA；DMSO(二甲基亚砜)；2-巯基乙醇；X-gal(5-溴-5-氯-3-吲哚-β-D-半乳糖苷)；DMF(N,N-二甲基甲酰胺)。

3. 器具：125 mm Whatman 541 滤纸,平皿,镊子,液氮,恒温培养箱,恒温摇床、水浴锅。

四、实验步骤

1. 入门载体的构建

通过 PCR 扩增编码待研究蛋白 X 和 Y 的基因,用 pENTR™ Directional TOPO 克隆试剂盒,把目的基因连接到 pENTR 载体上,得到 pENTR-X 和 pENTR-Y。本实验中,X 为拟南芥 IAA2,Y 为拟南芥 ARF5。

2. Bait 和 Prey 质粒的构建

pENTR-X 和 pENTR-Y 分别与 pDEST™22(含 AD)和 pDEST™32(含 BD)进行 LR 反应,得到 AD-X 和 BD-Y。

3. 酵母转化

(1) 将酵母菌 MaV203 单菌落接种于 10 ml YPAD 液体培养基中,30℃,250 rpm 培养过夜。

(2) 测定 OD_{600},将培养液稀释至 50 ml 新鲜 YPAD 培养液中,使 $OD_{600}=0.4$,继续 30℃,250 rpm 培养约 2~4 h。

(3) 2500 rpm 离心,将沉淀悬浮于 40 ml TE 溶液中。

(4) 2500 rpm 离心,将沉淀悬浮于 2 ml 1×LiAc/0.5×TE,每 100 μl 分装于微量离心管中。

(5) 室温下培养 10 min,即为酵母感受态细胞,随后进行转化。

(6) 每个转化体系中混合 1 μg 的质粒 DNA 和 100 μg 的沸水浴变性的鲑鱼精 DNA,之后加入到 100 μl 的酵母感受态细胞悬浮液中,加入 700 μl 的 1×LiAc/40% PEG-3350/1×TE,混合完全,30℃摇床振荡培养 30 min,加入 88μl DMSO 温和倒置混匀,42℃热击 7 min,迅速放入冰浴中。

本实验中一共做 4 个转化,试剂盒中一对强相互作用对照质粒、一对弱相互作用对照质粒、一对无相互作用对照质粒,以及我们待研究的一对质粒(AD-IAA2,DBD-ARF5)。

(7)离心 10 s,弃上清液。

(8)用 1 ml 1×TE 缓冲液悬浮沉淀,再次离心,用 50～100 μl TE 悬浮沉淀,涂布于选择培养基的平板上。

(9)涂布于 SC-Leu-Trp 双缺固体培养板上,30℃倒置培养 2～3 天。

4. X-gal 检测

(1)挑选适量克隆,用 SC 培养液振荡培养过夜。

(2)取一张灭菌滤纸放置于 100 mm 的培养皿内,加入 2.5～5 ml Z buffer/X-gal 浸湿,注意不要留有气泡。

(3)将过夜培养的菌液浓缩后,取适量点在滤纸上,用镊子将粘有菌的滤纸浸泡在液氮中,有菌面向上,1～2 min。

(4)取出滤纸,室温下充分化开,将其覆盖于预先浸润的滤纸上,压实,不要在滤纸层中留气泡。

(5)培养皿用 parafilm 膜封口,放置于 30℃下反应,每隔 30 min 检查。

(6)挑选蓝色的阳性克隆,提取质粒进行 PCR 鉴定。

5. 报告基因 *HIS*3 和 *URA*3 诱导表达的检测

报告基因 *HIS*3 和 *URA*3 能通过双杂交依赖的转录活化作用被诱导表达,从而使细胞能分别在组氨酸或尿嘧啶缺乏的培养基上生长。

双杂交依赖的 *URA*3 诱导导致 5FOA 转化成 5-氟尿嘧啶,后者具有毒性。因此,包含相互作用蛋白的细胞能在缺乏尿嘧啶的培养基上生长,而在含 5FOA 的平板上,细胞生长被抑制。

检测方法如下表所示:

	*HIS*3 诱导	*URA*3 诱导	*URA*3 诱导
检测原理	*His*3 营养缺陷型	5FOA 敏感性	尿嘧啶营养缺陷型
使用的平板	SC-Leu-Trp-His+3AT	SC-Leu-Trp+5FOA	SC-Leu-Trp-Ura
浓度	10 mmol/L 3AT 25 mmol/L 3AT 50 mmol/L 3AT 100 mmol/L 3AT	0.2% 5FOA	无尿嘧啶

五、实验记录与思考

请记录转化子在各种筛选平板上的生长情况。图 20-2 为一个典型的实验结果。

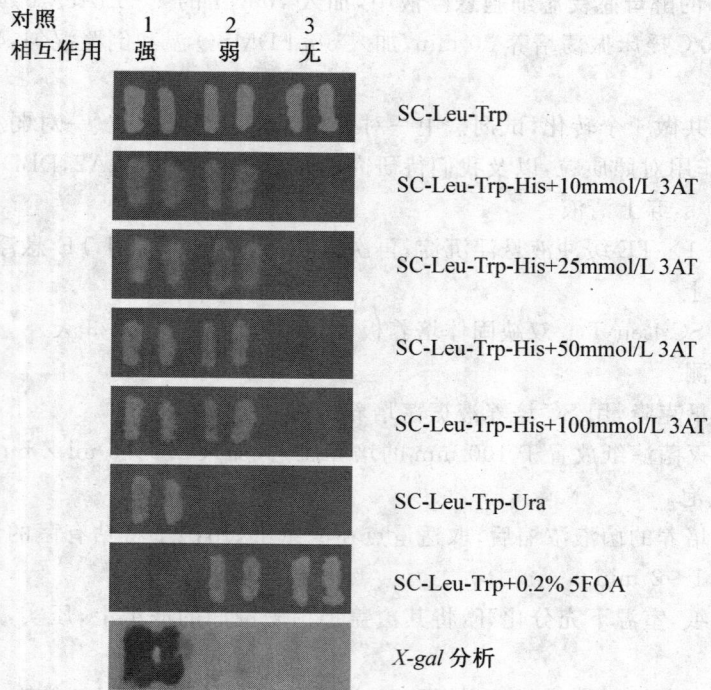

图 20-2　对照样品在筛选平板上的生长情况及 X-gal 分析的结果。
对照 1-3 的相互作用强度分别为强、弱、无。

大肠杆菌系列实验

大肠杆菌(*Escherichia coli*)是一种单细胞的原核生物,属革兰氏阴性厌氧菌。以细菌为材料的遗传研究具有很多优点。细菌遗传信息的单倍性,使个体一定的表型对应于一定的基因型;由于个体小,可在实验室条件下大量培养,有利于低频率突变的发现;细菌结构简单,基因组小,易于进行基因结构和功能的研究;世代周期短,进行无性繁殖,便于各种杂交和世代分析。

目前对于原核生物基因组的认识很多来自对大肠杆菌的研究,大肠杆菌已成为原核生物研究的一种重要模式材料。大肠杆菌基因组比真核生物小得多,为单一环状超螺旋 DNA 分子,结构紧凑,无断裂基因,重复序列少。如 *E. coli* K12 基因组大小为 4.6 Mb,仅 4,405 个基因。其环状染色体周长 1.6 nm,通过 DNA 结合蛋白包装成为有组织的结构。根据目前的模型,*E. coli* DNA 附着在一个蛋白质核心上,从中心发散出 40~50 个环状超螺旋结构,每一个环包含长度约 100 kb 的 DNA。此外,大肠杆菌基因组还包含各种非必需的环状或线状质粒,这些质粒可携带其他外源基因,能独立复制。质粒基因有时对于细菌是有功能的,参与编码细菌抗生素抗性,或使细菌能利用一些复杂的化合物,如利用甲苯为碳源等。

大肠杆菌基因组的另一个特点是操纵子结构的存在。*E. coli* K12 中约有 200 个操纵子,每一个包含 2 个或 2 个以上基因,多数情况下这些基因在功能上具有相关性,编码一系列蛋白质使细胞具有某一生化活性,如利用糖元或氨基酸。很多原核生物利用操纵子结构进行功能相关基因的表达调控。

细菌的遗传重组可以多种形式发生,如接合,通过细胞间直接接触,一个细菌细胞将 DNA 片段转移至另一细菌细胞。同时细菌细胞也能从环境中获得 DNA 并整合至自身基因组,这一过程称转化。此外,某些细菌病毒能把细菌细胞中 DNA 片段注入另一个细菌细胞,并整合入后者基因组,这一过程叫转导。

1946 年,Joshua Lederberg 和 Edward Tatum 首先以 *E. coli* 为模型描述了细菌接合的现象,*E. coli* 同时也是研究噬菌体遗传的实验材料之一,早期的研究者如 Seymour Benzer 利用 *E. coli* 和 phage T4 解析基因的结构,证明基因的线性结构。

由于实验室培养的悠久历史及其易于操作的特点,大肠杆菌在现代生物工程和工业微生物中发挥了重要作用。大肠杆菌的另一个重要用途是作为 DNA 重组技术中的工具,Stanley Norman Cohen 和 Herbert Boyer 首次利用大肠杆菌的质粒及限制性内切酶产生重组 DNA 分子,开创了生物技术的新纪元。除了极少数例外,大多数应用于 DNA 重组技术的细菌是大肠杆菌 K12 株的衍生菌株。通过对这一菌株及以这一菌株为宿主菌的噬菌体和质粒所进行的研究,克隆技术及各种分子生物学实验技术应运而生,极大地促进了生物学的发展。

作为一种产生外源蛋白的万能宿主,科学家利用质粒将基因导入大肠杆菌,从而通过工业发酵过程大规模生产蛋白质。其中一个著名的例子是利用大肠杆菌生产人的胰岛素。经遗传修饰的大肠杆菌还被用于疫苗的开发、生物修复及生产固定化酶等。

实验二十一　大肠杆菌的培养

一、实验目的

1. 掌握细菌培养及菌株保存的基本方法。
2. 学习细菌生长监测的方法。

二、实验原理

大肠杆菌是一种使含有长约 3000 kb 的环状染色体的棒状细菌,能在仅含碳水化合物如葡萄糖(提供碳源和能量)和提供氮、磷和微量元素的无机盐的极限培养基上快速生长。如果用含氨基酸、核苷酸前体、维生素及其他一些细菌不能合成的代谢成分的丰富培养基来培养,则生长更快。

当大肠杆菌在平板上生长时,细胞固定在琼脂上,所有子代细胞聚在一起,形成菌落。当聚集的细胞超过 10^7 个时,肉眼能观察到一个菌落。如果初始样品中含很少的细胞时,每一独立的菌落来源于单一遗传祖先的起始细胞,称为一个克隆。

少量液体培养物可加样在琼脂培养基上,用无菌的涂布棒使之均匀分散在培养基表面,这一过程称涂布(plating)。在液体培养基中培养时,大肠杆菌细胞在开始裂殖前,先进入一个生长滞后期。在丰富培养基中,它能在 20~30 min 内复制一代,这种指数生长相称为对数期。最后,当培养基中营养成分和氧耗尽或当培养基中废物的含量达到抑制细菌快速生长的浓度时,菌体密度就达到一个比较恒定的值。在通常的实验室培养中,在这一时间的细胞密度一般为 $1×10^9$~$2×10^9$/ml,细胞停止迅速分裂。这就是细菌生长的饱和期,而所谓的新鲜饱和即是指培养液中细胞密度刚达这一水平。

野生型细菌称原养型,能在含有无机盐、碳源、水的基本培养基上生长。突变的克隆不能在基本培养基上生长,而只能在添加一种或多种特殊营养物(如腺嘌呤、苏氨酸或生物素)的培养基上生长,因此能通过筛选得到营养缺陷型。此外,野生型菌株对某些抑制剂敏感,如链霉素,而抗性菌株能在含有抑制物的培养基上生长,这些特性使遗传学家能从平板克隆中区分不同表型的突变株。对于很多特性,克隆的表型可容易地通过目测或简单的生化检测加以观察。

三、实验准备

1. 材料:*E. coli* DH5α
2. 试剂:
(1) LB 液体和固体培养基。
(2) 甘油或二甲基亚砜(DMSO)。
3. 器具:
(1) 接种环
灭菌:将接种环置于酒精灯火焰中灼烧直至变红。
冷却:将接种环触碰无菌琼脂平板的表面直至其不发出咝咝声。

（2）无菌牙签

将牙签装在锡箔纸加盖的烧杯或盒子中高温高压灭菌。

（3）涂布棒

加热并弯曲一支直径 4 mm 的玻璃管或巴斯德吸管制备涂布棒；将涂布棒的三角部分浸没于酒精中，从容器中取出后再道过灯焰，点燃其上的乙醇；待涂布棒上的火焰熄灭后，将其触碰无菌琼脂的表面使其冷却。

（4）细菌培养用试管、平皿、恒温培养箱、标准血球计数板、分光光度计、微量移液枪及枪头等。

四、实验步骤

1. 液体培养

（1）过夜培养

① 取 5 ml 液体培养基加入一支无菌的 16 mm 或 18 mm 的培养试管中。

② 用接种环挑一个单菌落，浸没于培养液中并轻轻振动接种环，使接种环上的细菌分散在培养液中。

③ 盖好试管，在摇床上以 180 rpm 速度，于 37℃培养至饱和（约 6 h）。

（2）大量培养

① 按 1：100 的比例将过夜培养物加入一个无菌烧瓶中，烧瓶体积应该是培养液体的 5 倍以上。

② 于 37℃摇床，约 200 rpm 速度剧烈振荡培养。

（3）细菌培养的监测

① 利用计数板监测

用一片干净的盖玻片盖住一片干净的计数板玻片，用含少量培养液的吸管接触盖玻片的边缘，在显微镜下观察，并且按一个小方块中所见的每个细菌大约相当于 2×10^7 ml 计算细菌浓度。

② 利用分光光度计监测

稀释培养液至 $OD_{600} < 1$，按每 0.1 OD 值约相当于 10^8 ml 计算细菌浓度。

2. 固体培养基上培养

（1）通过连续稀释法分离细菌菌落

① 在 3 个无菌培养试管中各加入 5 ml LB 培养液，并标上序号 1、2、3。吸取 5 μl 细菌培养液加入 1 号试管中振荡摇匀，接着从 1 号试管吸 5 μl 稀释液加入 2 号试管振荡摇匀，再从 2 号试管吸 5 μl 稀释液加入 3 号试管振荡摇匀，每次都使用新的吸头。

② 从每个试管中分别取 100 μl 菌液涂布于 LB 平板上，并且做好记号，待平板干后于 37℃培养过夜。

③ 计算每毫升细菌细胞数：细菌细胞数/ml＝10×菌落数×稀释倍数。

④ 包裹好平板保存于 4℃以备进一步实验用。

（2）通过平板划线法分离单菌落

采用无菌操作技术，用接种环将接种物从平板的一侧开始划线。重新消毒接种环，从第一划线处将样品划线至平板的其余部分，重新划线至平板的其余部分，重复划线直至覆盖整个平板。于 37℃培养直至长出单菌落。

（3）通过铺平板分离单菌落

吸取 0.05～1 ml 培养物至一干的平板。用涂布棒做圆周运动将培养液涂抹均匀，或将涂布棒的边缘在平板表面划一系列平行线，然后转动平板并于已涂布的平行线成直角重复涂布。

3. 菌株的冷冻保存与复壮

（1）将 0.85 ml 对数生长中期培养液加入到一装有 0.15 ml 无菌甘油的微量离心管，振荡培养物，使甘油均匀分布。

（2）保存于 -20℃ 或 -70℃。

（3）复苏时，用无菌牙签或吸管刮取固体冰渣片（仔细操作不要让其融化），然后在 LB 平板上划线。

五、实验记录与思考

比较大肠杆菌、农杆菌和酵母三者在生长速度和菌落形态等方面的差异。

实验二十二　大肠杆菌质粒 DNA 的制备及酶切鉴定

一、实验目的

1. 掌握质粒的小量快速提取法。
2. 了解质粒酶切鉴定的原理及方法。

二、实验原理

质粒(plasmid)是一种染色体外的稳定遗传因子,大小在 $1 \sim 200$ kb 之间,具有双链闭合环状结构的 DNA 分子,主要发现于细菌、放线菌和真菌细胞中。质粒具有自主复制和转录能力,能使子代细胞保持它们恒定的拷贝数,可表达它携带的遗传信息。质粒 DNA 可独立游离在细胞质内,也可整合到细菌染色体中,它离开宿主细胞就不能存活,且它控制的许多生物学功能赋予宿主细胞某些表型。

通过小量制备的方法可从大量克隆中快速制备质粒 DNA。使用氯化铯-溴化乙锭方法可分离高纯度的 DNA。所有分离质粒 DNA 的方法都包括 3 个基本步骤:培养细菌使质粒扩增;收集和裂解细菌;分离和纯化质粒 DNA。采用溶菌酶可破坏菌体细胞壁,十二烷基磺酸钠(Sodium dodecyl sulfate,SDS)可使细胞壁裂解,经两者处理后,细菌 DNA 缠绕附着在细胞壁碎片上,离心时易发生沉淀,而质粒 DNA 则留在上清液中。用酒精洗涤沉淀,可得到质粒 DNA。

质粒 DNA 相对分子质量一般在 $10^6 \sim 10^7$ 范围内。在细胞内,共价闭环 DNA(covalently closed circular DNA,cccDNA)常以超螺旋形式存在。若两条链中有一条链发生一处或多处断裂,分子就能旋转而消除链的张力,这种松弛型的分子叫做开环 DNA(open circular DNA,ocDNA)。在电泳时,同一质粒如以 cccDNA 形式存在,泳动速度比开环和线状 DNA 快,因此在本实验中,质粒 DNA 在电泳凝胶中呈现 3 条区带。

限制性内切酶是一种工具酶,这类酶的特点是具有能够识别双链 DNA 分子上的特异核苷酸顺序的能力,能在这个特异性核苷酸序列内,切断 DNA 的双链,形成一定长度和序列的 DNA 片段。如:$EcoR\,I$ 和 $Hind\,III$ 的识别序列和切口是:

$EcoR\,I$：G↓AATTC

$Hind\,III$：A↓AGCTT

G,A 等核苷酸表示酶的识别序列,箭头表示酶切口。限制性内切酶对环状质粒 DNA 有多少切口,就能产生多少酶切片段,因此鉴定酶切后的片段在电泳凝胶的条带数,就可以推断酶切口的数目,从片段的迁移率可以大致判断酶切片段大小的差别。用已知相对分子质量的线状 DNA 为对照,通过电泳迁移率的比较,就可以粗略推测分子形状相同的未知 DNA 的相对分子质量。

三、实验准备

1. 材料

带质粒 pBR322 的大肠杆菌 DH5α,λDNA,限制酶 $EcoR\,I$ 及缓冲液。

2. 试剂

(1) 溶液 I ：50 mmol/L 葡萄糖、25 mmol/L Tris-HCl（pH 8.0），10 mmol/L EDTA（pH 8.0），高压灭菌后储存于 4℃。

(2) 溶液 II ：现配现用，0.2 mol/L NaOH，1%SDS。

(3) 溶液 III ：pH 4.8 乙酸钾溶液（60 ml 5 mol/L KAc，11.5 ml 冰乙酸，28.5 ml H_2O）。

(4) 酚/氯仿（1：1，V/V）：酚需在 160℃ 重蒸，加入抗氧化剂 8-羟基喹啉，使其浓度为 0.1%，并用 Tris-HCl 缓冲液平衡两次。氯仿中加入异戊醇，氯仿/异戊醇（24：1，V/V）。

(5) TE 缓冲液。

(6) TBE 缓冲液。

(7) EB 染色液。

(8) DNA 上样缓冲液及 DNA 相对分子质量标记 λDNA - Hind III digest（TakaRa 公司）。

3. 器具

塑料微量离心管、移液枪及吸头、台式高速离心机、水平电泳仪、水浴锅、凝胶成像系统、恒温振荡培养箱。

四、实验步骤

1. 质粒 DNA 的小量提取

(1) 挑取培养皿中的单菌落，转移至含 10 ml 左右 LB 培养液的试管中（含 20mg/L 氨苄青霉素），37℃ 剧烈振荡培养过夜。

(2) 将 1.5 ml 培养物移入 1.5 ml eppendorf 管中，12000 g，4℃ 离心 30 s。

(3) 弃上清，将离心管倒置于吸水纸上，尽可能吸干培养液。

(4) 将细菌沉淀重悬于 100 μl 用冰预冷的溶液 I 中，剧烈振荡混匀。将两个 eppendorf 管的底部互相接触，同时在涡旋器中涡旋振荡，使细菌沉淀在溶液中完全分散。

(5) 加 200 μl 新配制的溶液 II ，快速颠倒离心管 5 次，以混匀内容物，勿涡旋振荡。然后将离心管放置于冰上 5 min。

(6) 加 150 μl 冰预冷的溶液 III ，温和混匀 10 s，使溶液 III 在黏稠的细菌裂解物中分散均匀，之后将离心管放置于冰上 5 min。

(7) 4℃，12000 g 离心 5 min，将上清转移到另一离心管中。

(8) 加等体积酚：氯仿，振荡混合有机相和水相，然后 4℃，12000 g 离心 10 min，将上清转移到另一离心管中。

(9) 加 2 倍体积的乙醇，温和振荡混匀，于室温放置 2 min，4℃，12000 g 离心 10 min，收集沉淀的核酸。

(10) 小心地吸去上清，将离心管倒置于纸巾上，以使所有液体流出。再将附于管壁的液滴除去。

(11) 加 1 ml 70% 预冷乙醇于沉淀中，并盖紧离心管盖子，轻轻旋转离心管，洗涤沉淀，按步骤（10）去除上清后，在空气中使核酸沉淀干燥 10 min。

(12) 用 20～50 μl TE 溶液（含无 DNA 酶的 RNase 20 μg/ml）溶解沉淀，37℃ 水浴 15 min 后于 -20℃ 保存待用。

2. 质粒 DNA 的酶解

将 eppendorf 管编号后放在冰浴上，按要求依次加入 ddH_2O、缓冲液、DNA 及限制酶，使终体积为 10 μl。混匀后稍离心，37℃保温 2~3 h。

管 1：ddH$_2$O 3 μl、10×缓冲液 1 μl、质粒 DNA 5 μl 及酶 $EcoR$ I 1 μl；

管 2：ddH$_2$O 7.5 μl、10×缓冲液 1 μl、λDNA 0.5 μl 及酶 $EcoR$ I 1 μl；

加样后，小心混匀，置于 37℃ 水浴中，酶解 2~3 h，用上样缓冲液终止反应后，于冰箱中贮存备用。

3. DNA 琼脂糖凝胶电泳

（1）制备 1.2% 的琼脂糖凝胶。

（2）取适量酶切反应液，加入上样缓冲液后，用小枪头加入胶板的样品小槽内。

（3）100V 电压，电泳约半小时，当指示剂前沿移动至距离胶板 1~2cm 处，停止电泳。

（4）将电泳后的胶板在 EB 染色液中染色 15 min，在凝胶成像系统中观察 DNA 条带，并拍照。

五、实验记录与思考

1. 拍摄电泳图，并标注每个泳道样品的名称，根据相对分子质量标记估算 DNA 条带的相对分子质量大小。

2. 思考题：染色体 DNA 与质粒 DNA 分离的主要依据是什么？EB 染料有哪些特点？在使用时应注意些什么？

实验二十三　大肠杆菌的转化

一、实验目的

1. 学习大肠杆菌转化的基本原理。
2. 掌握氯化钙转化法的基本程序。

二、实验原理

在自然条件下,很多质粒都可通过细菌接合作用转移到新的宿主内,但在人工构建的质粒载体中,一般缺乏此种转移所必需的 mob 基因,因此不能自行完成从一个细胞到另一个细胞的接合转移。如需将质粒载体转移进受体细菌,需诱导受体细菌产生一种短暂的感受态以摄取外源 DNA。

转化(transformation)是将外源 DNA 分子引入受体细胞,使之获得新的遗传性状的一种手段,它是微生物遗传、分子遗传、基因工程等研究领域的基本实验技术。

转化过程所用的受体细胞一般是限制修饰系统缺陷的变异株,即不含限制性内切酶和甲基化酶的突变体(R^-,M^-),它可以容忍外源 DNA 分子进入体内并稳定地遗传给后代。受体细胞经过一些特殊方法(如电击法,$CaCl_2$ 等化学试剂法)的处理后,细胞膜的通透性发生了暂时性的改变,成为能允许外源 DNA 分子进入的感受态细胞(compent cells)。进入受体细胞的 DNA 分子通过复制表达,实现遗传信息的转移,使受体细胞出现新的遗传性状。将经过转化后的细胞在筛选培养基中培养,即可筛选出转化子(transformant),即带有异源 DNA 分子的受体细胞。目前常用的感受态细胞制备方法有 $CaCl_2$ 和电击法,电击法制备的感受态细胞转化效率较高,但需要电转化仪。而 $CaCl_2$ 法简便易行,且其转化效率完全可以满足一般实验的要求。制备出的感受态细胞暂时不用时,可加入占总体积 15% 的无菌甘油于 $-70℃$ 保存(半年),因此 $CaCl_2$ 法使用更广泛。

为了提高转化效率,实验中要考虑以下几个重要因素:

1. 细胞生长状态和密度:不要用经过多次转接或储于 4℃ 的培养菌,最好从 $-70℃$ 或 $-20℃$ 甘油保存的菌种直接活化,用于制备感受态细胞的菌液。细胞生长密度以刚进入对数生长期时为好,可通过监测培养液的 OD_{600} 来控制。DH5α 菌株的 OD_{600} 为 0.5 时,细胞密度在 $5×10^7$ ml 左右(不同的菌株情况有所不同),这时比较合适。密度过高或不足均会影响转化效率。

2. 质粒的质量和浓度:用于转化的质粒 DNA 应主要是超螺旋态 DNA(cccDNA)。转化效率与外源 DNA 的浓度在一定范围内成正比,但当加入的外源 DNA 的量过多或体积过大时,转化效率就会降低。1 ng 的 cccDNA 即可使 50 μl 的感受态细胞达到饱和。一般情况下,DNA 溶液的体积不应超过感受态细胞体积的 5%。

3. 试剂的质量:所用的试剂,如 $CaCl_2$ 等均需是最高纯度的(GR. 或 AR.),并用超纯水配制,最好分装保存于干燥的冷暗处。

4. 防止杂菌和杂 DNA 的污染:整个操作过程均应在无菌条件下进行,所用器皿,如离心管和枪头等最好是新的,并经高压灭菌处理,所有的试剂都要灭菌,且注意防止被其他试剂、DNA 酶或杂 DNA 所污染,否则均会影响转化效率或造成杂 DNA 的转入,为以后的筛选、鉴定带来不必要的麻烦。

本实验以 $E.\ coli$ DH5α 菌株为受体细胞,并用 $CaCl_2$ 处理使其处于感受态,然后与 pBS 质粒共保温,实现转化。由于 pBS 质粒带有氨苄青霉素抗性基因(Amp^R),可通过 Amp 抗性来筛选转化子。如受体细胞没有转入 pBS,则在含 Amp 的培养基上不能生长。能在 Amp 培养基上生长的受体细胞(转化子)肯定已导入了 pBS。转化子经扩增后,可提取质粒 DNA,进行酶切、电泳等进一步鉴定。

三、实验准备

1. 材料

$E.\ coli$ DH5α 菌株:R^-,M^-,Amp^-;pBS 质粒 DNA:购买或实验室自制。

2. 试剂

(1) LB 固体和液体培养基。

(2) Amp 母液:100 mg/ml。

(3) 0.05 mol/L $CaCl_2$ 溶液:称取 0.28 g $CaCl_2$(无水,分析纯),溶于 50 ml 重蒸水中,定容至 100 ml,高压灭菌。

(4) 含 15% 甘油的 0.05 mol/L $CaCl_2$:称取 0.28 g $CaCl_2$(无水,分析纯),溶于 50 ml 重蒸水中,加入 15 ml 甘油,定容至 100 ml,高压灭菌。

3. 器具

恒温摇床、电热恒温培养箱、台式高速离心机、无菌工作台、低温冰箱、恒温水浴锅、制冰机、分光光度计、微量移液枪及吸头、eppendorf 管。

四、实验步骤

1. 大肠杆菌感受态细胞的制备

(1) 从新活化的 37℃ 培养 16～20 h 的 LB 平板上挑取 DH5α 单菌落(直径 2～3 mm),接种于 10 ml LB 液体培养基中,37℃ 振荡培养 12 h 左右,直至对数生长后期。将该菌液以(1:100)～(1:50)的比例接种于 100 ml LB 液体培养基中,37℃ 振荡培养 2～3 h,至 $OD_{600}=$ 0.5 左右。

(2) 将上述培养液转入 10 ml 离心管中,共 10 管,冰上放置 10 min,然后于 4℃,3000 g 离心 10 min。

(3) 弃去上清,将管倒置 1 min 以使残留的痕量培养液流尽,每管用 2 ml 预冷的 0.05 mol/L 的 $CaCl_2$ 溶液轻轻悬浮细胞,冰上放置 15～30 min 后,4℃,3000 g 离心 10 min。

(4) 弃去上清,将管倒置 1 min,每管加入预冷的 0.05 mol/L $CaCl_2$ 溶液(含 15% 甘油)400 μl 轻轻悬浮细胞,冰上放置几分钟后,即成感受态细胞。

(5) 将感受态细胞分装成 200 μl 的小份,-70℃ 保存待用。

2. DNA 转化大肠杆菌

(1) 从 -70℃ 冰箱中取 200 μl 感受态细胞悬液,室温下使其解冻,解冻后立即置冰上。也可使用新鲜制备的感受态细胞。

(2) 加入 pBS 质粒 DNA 溶液(含量不超过 50 ng,体积不超过 10 μl),轻轻摇匀,冰上放置 30 min。

（3）42℃水浴中热击 90 s 或 37℃水浴 5 min,热击后迅速置于冰上冷却 3～5 min。

（4）向管中加入 1 ml LB 液体培养基（不含 Amp）,混匀后 37℃振荡培养 1 h,使细菌恢复正常生长状态,并表达质粒编码的抗生素抗性基因（Amp^R）。

（5）将上述菌液摇匀后取 100 μl 涂布于含 Amp 的筛选平板上,正面向上放置 0.5 h,待菌液完全被培养基吸收后倒置培养皿,37℃培养 16～24 h。

同时做两个对照：

对照组 1：以同体积的无菌双蒸水代替 DNA 溶液,其他操作与上面相同。此组正常情况下在含抗生素的 LB 平板上应无菌落出现。

对照组 2：以同体积的无菌双蒸水代替 DNA 溶液,但涂板时只取 5 μl 菌液涂布于不含抗生素的 LB 平板上,此组正常情况下应产生大量菌落。

（6）计算转化率

统计每个培养皿中的菌落数。

转化后在含抗生素的平板上长出的菌落即为转化子,根据此皿中的菌落数可计算出转化子总数和转化频率,公式如下：

转化子总数＝菌落数×稀释倍数×转化反应原液总体积/涂板菌液体积

转化频率（转化子数/每 mg 质粒 DNA）＝转化子总数/质粒 DNA 加入量（mg）

感受态细胞总数＝对照组 2 菌落数×稀释倍数×菌液总体积/涂板菌液体积

感受态细胞转化效率＝转化子总数/感受态细胞总数

注：本实验方法也适用于其他 *E.coli* 受体菌株的不同质粒 DNA 的转化。但它们的转化效率并不一定相同。有的转化效率高,需将转化液进行多梯度稀释涂板才能得到单菌落平板,而有的转化效率低,涂板时必须将菌液浓缩（如离心）,才能较准确地计算转化率。

五、实验记录与思考

1. 记录转化后每个培养皿中菌落形成情况,计算转化率。

2. 思考题：制备感受态细胞的原理是什么？如果实验中对照组本不该长出菌落的平板上长出了一些菌落,你将如何解释这种现象？

实验二十四　大肠杆菌的杂交及基因定位

一、实验目的

了解大肠杆菌杂交及其基因在染色体上的排列方式,并掌握大肠杆菌接合及染色体基因定位的原理与方法。

二、实验原理

大肠杆菌染色体呈环状。高频重组菌株(Hfr)的染色体上整合有 F 因子,当 Hfr 细菌与 F⁻ 细菌细胞发生接合(即杂交)时,Hfr 细胞(供体菌)的染色体从 Hfr 细胞向 F⁻ 细胞内转移。由于染色体的转移具有一定的方向性,并且可以随时中断,因此根据结合后 F⁻ 细菌(以重组子形式选出)中 Hfr 细菌染色体基因出现次数的多少,即可得知基因转移的先后顺序,即基因在染色体上排列的顺序。转移时,靠近转移起始点的染色体基因进入 F⁻ 细胞的几率大,重组频率高;远离转移起始点的基因进入 F⁻ 细胞的机会少,重组率低。F 因子大部分位于转移起始点相对的一端(末端),因此转移的频率很低。只有当接合时间很长,足以使整个染色体转入 F⁻ 细胞(受体)时,才会使 F⁻ 细胞转变为 Hfr 或 F⁺ 状态。

基因定位时,首先要从 Hfr 与 F⁻ 细菌的混合培养物中筛选出某一 Hfr 与 F⁻ 细菌基因(选择性标记基因)已经发生了重组的细菌(重组子),然后在这些重组子中逐个测定其他的 Hfr 基因(非选择标记)出现的次数。Hfr 菌株染色体上的选择性标记应位于染色体前端,这样才能保证以 100% 的频率出现在重组子中。选择性标记之后的基因,则以低于 100% 的频率出现在重组子中。F⁻ 细胞的选择性标记应起到排除 Hfr 菌生长的作用(即反选择)。本实验使用的 F⁻ 菌株为 Str^r,Hfr 菌为 Str^s,借此可排除 Hfr 菌的生长。另一方面为保证 Hfr 基因有机会出现在重组子中,反选择性标记应位于染色体后端。为了使 Hfr 菌株有较高的接合频率,F⁻ 细菌应该过量,以保证每一个 Hfr 细菌都能与 F⁻ 细菌接合((10~20)：1)。

三、实验准备

1. 材料

(1) 受体菌:FD1004　F⁻ *leu purE trp his metA ilv arg thi ara lacY xyl mtl galT str^r rif^s*。

(2) 供体菌:CSH60　Hfr *sup str^s*。

2. 试剂

(1) 生理盐水:0.85% NaCl。

(2) LB 培养基。

(3) 10×A 缓冲液(基本培养的无机成分):K_2HPO_4 105 g,$MgSO_4 \cdot 7H_2O$ 2.5 g,$(NH_4)_2SO_4$ 10 g,KH_2PO_4 45 g,$Na_3C_6H_5O_7 \cdot 2H_2O$ 5 g,加蒸馏水至 1000 ml,pH7.0。

(4) 选择培养基[B]~[G]:将 10×A 缓冲液稀释成 1×A 浓度,内加氨基酸和碳源(表 24-1),最后加 2% 琼脂。

表 24－1　选择性培养基附加成分表

培养基编号	选择性标记	基本碳源(5 g/L)	基本培养基(A)中补充物质								
			str	rif	arg	ilv	met	leu	ade	trp	his
A	met leu str	葡萄糖	+	－	+	+	－	－	+	+	+
B	(met leu str)arg	葡萄糖	+	－	－	+	－	－	+	+	+
C	(met leu str)trp	葡萄糖	+	－	+	+	－	－	+	－	+
D	(met leu str)his	葡萄糖	+	－	+	+	－	－	+	+	－
E	(met leu str)lac	乳糖	+	－	+	+	－	－	+	+	+
F	(met leu str)gal	半乳糖	+	－	+	+	－	－	+	+	+
G	(met leu str)rif	葡萄糖	+	+	+	+	－	－	+	+	+

3. 器具

培养皿、三角瓶、吸管、灭菌牙签、摇床、酒精灯、接种环。

四、实验步骤

1. 第一天傍晚,分别接一环供体菌和受体菌于 5 ml LB 培养液中,37℃振荡培养 10～12 h。

2. 第二天清晨,各取 1 ml 过夜培养物,分别加入到 2 个盛有 5 ml LB 培养液的 250 ml 三角瓶,37℃振荡培养 2～3 h。

3. 吸取 0.5 ml 供体菌和 4.5 ml 受体菌,加入到一个无菌的 250 ml 三角瓶中混合,置 37℃摇床上培养 100 min。

4. 将上述接合菌液用生理盐水稀释成 1、10^{-1}、10^{-2} 倍。

5. 各吸取 0.1 ml 稀释液涂布在选择培养基[A]平板上,每一种稀释液涂布 2 个平板。同时将供体菌及受体菌分别吸取 0.1 ml 涂布在[A]上作对照,每种各 2 个平板。此后均于 37℃条件下培养 48 h。

6. 第四天

(1) 观察和计数选择培养基[A]平板上接合组和对照组的菌落生长状况。

(2) 在与平皿相同大小的白纸上画 100 个小格,并裁成圆片,将圆片贴于选择培养基[B]、[C]、[D]、[E]、[F]和[G]平板的底部,然后用灭菌牙签从接合组选择培养基[A]平板上随机挑选 100 个菌落,对号点种在选择培养基[B]、[C]、[D]、[E]、[F]和[G]平板的 100 个小格中。

(3) 将所有平板置于 37℃箱内培养 48 h。

五、实验记录与思考

第六天统计在各种选择平板上生长菌落的数目,记录于表 24－2 中。并绘制出基因顺序图。

表 24 - 2　各选择培养基上生长的菌落数目统计

重复次数	[B] arg	[C] trp	[D] his	[E] lac	[F] gal	[G] rif
1						
2						
3						
4						
5						
6						
总　数						
平均数						
重组率*						

$$* \text{重组率}(\%) = \frac{\text{每组选择性培养基平板上菌落数}}{\text{点种总菌落数}} \times 100\%$$

医学与人类遗传实验

实验二十五 姐妹染色单体交换的观察

一、实验目的

1. 了解姐妹染色单体差别染色技术的原理。

2. 学习以人的外周血为材料的姐妹染色单体交换(SCE)标本的制备及计数方法。

二、实验原理

染色体复制过程中同一条染色体中的两条染色单体间发生遗传物质的互换称为姐妹染色单体交换(sister chromatid exchange,SCE),SCE 是与 DNA 的损伤修复和 DNA 复制紧密相连的自然过程。如果在 DNA 复制过程中进行 DNA 损伤的修复,就有可能发生姐妹染色单体交换。作为一种简便和敏感的遗传学指标,SCE 在诱变和肿瘤研究等领域中的应用十分广泛。例如,目前已知许多环境诱变剂、职业有害因素、抗肿瘤药物、病毒等都可以引起SCE 率增加,Bloom 综合征患者和某些肿瘤患者的 SCE 率也明显上升。

5 -溴脱氧尿嘧啶核苷(5 - bromodeoxy - uridine,简称 Brdurd)在 DNA 复制过程中,掺入新合成的链并占有胸腺嘧啶(thymidine,T)的位置,所以哺乳类细胞在含有 Brdurd 的培养液中经历两个分裂周期的培养之后,其两条姊妹染色单体的 DNA 双链都含有 Brdurd,这样的细胞经过制片和荧光素染色后,就能观察到两条明暗不同的染色单体。两股都有Brdurd 的姊妹染色单体发出的荧光较强,其中只有一股有 Brdurd 的单体荧光较弱。利用这种方法,可以清楚地看到姊妹染色单体交换的情况。近年来有一些实验室不用荧光染料,而改用Giemsa染色,也得到了满意结果。

本实验以外周血为实验材料,具有取材方便,用血量少(只需 0.3 毫升静脉血),培养方法简单等优点。植物血球凝集素(phytohaemagglutinin,PHA)是 1960 年诺埃尔(Nowell)从四季豆里提取出的一种物质,可以刺激人外周血中被认为不再分裂的淋巴细胞,转变成淋巴母细胞进入分裂状态,从而为穆尔黑德(Moorhead)在同年建立人外周血淋巴细胞培养与染色体制备方法奠定了基础。这些成就极大地促进了人类及哺乳动物细胞遗传学的发展。

三、实验准备

1. 材料:人的静脉血。

2. 试剂

(1) RPMI1640 培养液。

(2) 小牛血清:最好经过透析处理。将小牛血清装入透析袋中,用线扎紧封口,小心检查,切勿有漏孔。然后将透析袋放在盛有双重蒸馏水的玻璃器皿中,每隔 1～2 h 换一次水,搁置在 4℃冰箱中,24 h 后用赛氏滤器灭菌过滤。

（3）植物凝集素(PHA)溶液。

（4）3.5 % NaHCO₃ 溶液:称 3.5 g NaHCO₃ 用 100 ml 双蒸水溶解,10 磅 15 min 高压灭菌,调 pH 用。

（5）500 μg/ml Brdurd 溶液:用无菌青霉素瓶,在普通条件下用电子天平称取 Brdurd 2 毫克(Sigma 公司),然后在无菌室内加入无菌生理盐水 4 ml,用黑布避光置冰箱中保存,最好现配现用。

（6）1 M NaH₂PO₄,pH8.0 溶液:称取 120 g NaH₂PO₄,加入 1,000 ml 双蒸水,用 NaOH 粉末调 pH 至 8.0 即可。

3. 器具:显微镜、刻度离心管、吸管、载玻片、离心机、注射器、烧杯、解剖器具。

四、实验步骤

1. 在无菌条件下,用 20 ml 的青霉素瓶分装 5 ml 培养基,其中 RPMI1640 占 80%;小牛血清 15%～20 %;PHA 0.2 ml;青霉素 100U/ml;链霉素 100 μg/ml,最后用 3.5 % NaHCO₃ 调节至 pH 7.2～7.4。

2. 每 5 ml 的培养基中加入 Brdurd 0.1 ml,最终浓度为 10 μg/ml。

3. 每瓶培养基中加入 0.3 ml 静脉血,轻轻摇匀,用黑布避光,立即置 37℃ 温箱中培养。

4. 培养 72 h 左右,加入秋水仙素(0.2～0.3 μg/ml),继续培养 4 h。

5. 按常规收集细胞,用蒸馏水低渗 20 min,用甲醇:冰醋酸＝3:1 配制的固定液固定两次,每次 15 min,用气干法制片,一天以后将染色体制片,放入 70～80℃烤箱中烘烤 1～2 h。

6. 将染色体标本浸泡在 88℃的 1 mol/L NaH₂PO₄(pH 为 8.0)的溶液中,处理 20 min,取出后立即用蒸馏水冲洗,用常规 Giemsa 染色 5 min,用蒸馏水冲洗,干燥,观察。

7. 在普通光学显微镜下观察,可见姐妹染色单体呈现鲜明的深浅不同的颜色。

8. SCE 观察计数

选择分散良好,轮廓清晰,数目完整,长短适中的染色体作为可计数的分裂相。如果在染色体端部出现交换者计一次交换;如果在染色体臂中部出现交换者计交换两次;如果在着丝粒处发生交换需判明不是扭转出现交换,也记一次交换。一份标本至少需要计数 30 个细胞。

五、实验记录与思考

1. 试计数 30 个细胞的 SCE 数,求出 SCE 次/细胞。

2. 本实验中 SCE 与减数分裂中非姐妹染色单体交换有何不同?

实验二十六　小鼠骨髓细胞微核观察

一、实验目的

1. 了解微核测试原理和毒理遗传学的研究意义。
2. 学习小鼠骨髓细胞的微核测试技术。

二、实验原理

微核(micronucleus,简称 MCN),也叫卫星核,是真核类生物细胞中的一种异常结构,是染色体畸变在间期细胞中的一种表现形式。微核往往是各种理化因子,如辐射、化学药剂对分裂细胞作用而产生的。在细胞间期,微核呈圆形或椭圆形,游离于主核之外,大小应在主核 1/3 以下。微核的折光率及细胞化学反应性质和主核一样,也具合成 DNA 的能力。一般认为微核是由有丝分裂后期丧失着丝粒的染色体断片产生的。有实验证明,整条染色体或几条染色体也能形成微核。这些断片或染色体在分裂过程中行动滞后,在分裂末期不能进入主核,便形成了主核之外的核块。当子细胞进入下一次分裂间期时,它们便浓缩成主核之外的小核,即形成微核。已经证实,微核率的大小与作用因子的剂量或辐射累积效应呈正相关,这一点与染色体畸变的情况一样。所以许多人认为可用简易的间期微核计数来代替繁杂的中期畸变染色体计数。大量新合成的化合物,原子能的应用,各种各样工业废物等都存在污染环境的可能性,欲了解这些因素对机体潜在的遗传危害,需要有一套高度灵敏,技术简单易行的测试系统来监测环境的变化。只有真核类的测试系统更能直接推测诱变物质对人类或其他高等生物的遗传危害,在这方面,微核测试是一种比较理想的方法。目前国内外不少部门已把微核测试用于辐射损伤、辐射防护、化学诱变剂、新药试验、食品添加剂的安全评价,以及染色体遗传疾病和癌症前期诊断等各个方面。

20 世纪 70 年代初,Matter 和 Schmid 首先用啮齿类动物骨髓细胞微核率来测定疑有诱变活力的化合物,建立了微核测定法(micronucleus test,MNT)。此后,微核测定逐渐从动物、人扩展到植物领域。人和动物的微核测试多用骨髓和外周血细胞,这需要一定的培养条件与时间,细胞同步化困难,微核率低,一般只在 0.2% 左右。而植物系统则更直接、更简便。如采用高等植物花粉孢子利用其天然的同步性作微核测试材料,取得较好效果,其中 70 年代末 Te-Hsiu Ma 用一种原产于美洲的鸭跖草(*Tradescantia paludosa*)建立的四分孢子期微核率计数(MCN-in-tetrad)的测试系统是较好的系统之一。华中师范大学生物系自 1983 年开始,建立了一套蚕豆根尖微核测试,并首次用于监测水环境污染,经鉴定已列入国家《生物监测技术规范(水环境部分)》。

本实验介绍小鼠骨髓细胞微核测试技术。

三、实验准备

1. 材料:成年小鼠,雌雄均可。
2. 试剂:环磷酰胺(1 mg/ml)溶液、生理盐水、小牛血清(或 1% 柠檬酸钠溶液)、甲醇、

1/15 mol/L 磷酸缓冲液(pH 6.8)、Giemsa原液。

3. 器具：显微镜、刻度离心管、吸管、载玻片、离心机、注射器、烧杯、解剖器具。

四、实验步骤

1. 按 40 μg/g 体重的剂量对小鼠腹腔注射环磷酰胺溶液诱发微核(骨髓细胞微核测定的阳性药物可用环磷酰胺,为加强阳性效果,剂量可适当加大。给药途径视实验要求而定)。

2. 处理 24～36 h 后,小鼠采用拉颈椎处死,迅速剥取两根股骨,剔净肌肉等软组织,并擦净股骨上的血污。

3. 剪去肌骨两端关节头,用注射器吸收 2～3 ml 预温到 37℃ 的生理盐水,然后将针头插入股骨腔,尽量将骨髓细胞冲洗出来,置于 10 ml 试管中把细胞团用吸管吹打散,然后将细胞悬液转入离心管内,弃去残渣。

4. 1000 rpm 离心 5 min,收集组胞,弃去上清液,尽量不留残液。滴加 2～3 滴灭活小牛血清,将细胞轻轻吹打均匀。

5. 1000 rpm 离心 5 min,收集细胞,弃去上清液,再加 1 滴灭活小牛血清,用吸管轻轻混匀。

以上两步的小牛血清亦可用 1‰ 柠檬酸钠代替,但注意两步须在 15 min 内完成。

6. 滴一小滴细胞悬液在清洁的载玻片上,涂成均匀涂片,在空气中干燥。

7. 放入甲醇中固定 10 min,干燥后,用 Giemsa 染液(1 份原液,9 份 pH 6.8 磷酸缓冲液)染色 10 min,迅速用缓冲液洗片,让其干燥,即可用于观察。

8. 实验结果分析

选择细胞密度适中,铺展均匀,染色良好的地方,随机观察计数。骨髓细胞中有核的细胞均可见到微核,但是,在只有少量胞浆的有核细胞,微核细胞往往很难与正常核以及核的突出物相区别。而在无核的嗜多染色细胞的胞浆中,微核却易于辨认。因为嗜多染色细胞为骨髓细胞中一类主核刚被排出的年幼红细胞,在它完成最后一次有丝分裂后几小时其主核排出,而由染色体断片形成的微核则保留在细胞中。因此一般观察计数嗜多染色红细胞中的微核。

嗜多染红细胞经 Giemsa 染色呈灰蓝色,成熟红细胞呈橘红色。微核大多数呈圆形或椭圆形,边缘光滑整齐。嗜染性与核质一样,呈紫红色或蓝紫色。每只动物计数 1000～2000 个嗜多染红细胞,观察含有微核的嗜多染红细胞数,微核率以千分率表示,一个嗜多染红细胞出现一个以上微核,仍按一个细胞计数。

正常小鼠嗜多染红细胞微核率一般为千分之二,即正常小鼠嗜多染红细胞微核率为千分之五以下,而超过千分之五为异常。

五、实验记录与思考

1. 拍摄染色体照片,并统计你所测定的小鼠骨髓细胞的微核率。

2. 微核检测在环境科学中有哪些应用价值?

实验二十七　Y 染色体上 DYZ1 序列的 PCR 反应鉴定人类性别

一、实验目的

1. 学习 Y 染色体上特异序列在人类性别鉴定中的应用原理。
2. 学习应用 PCR 反应进行人类性别鉴定的方法。

二、实验原理

1990 年 Sinclair 等从人类 Y 染色体上分离和克隆了 SRY(sex-determining region of Y)基因,位于 Y 染色体短臂(Yp11.2),与拟常染色体区相邻,称为 Y 染色体的性别决定区。近年来的大量研究已经证实,SRY 基因是睾丸决定因子的最佳候选基因。SRY 基因突变、缺失或者易位都可以导致性发育异常。ZFY 基因也位于 Y 染色体短臂并且距 SRY 基因非常近。X 染色体上存在 ZFY 同源基因即 ZFX 基因,通过 PCR 扩增 ZFY 和 ZFX 特异片段,进一步证实 X 和 Y 染色体特异片段的存在。

DYZ1 是位于 Y 染色体长臂(Yq12)的Ⅲ号卫星区域内 3.4 kb 的重复序列(主要由五核苷酸 TTCCA 组成),拷贝数约 3000,其特异序列的 PCR 扩增可用于性别鉴定,扩增产物为 154 bp。DYZ1 序列的 PCR 结果与染色体核型检测结果基本相符,存在 Y 染色体时 DYZ1 PCR 扩增为阳性;不存在 Y 染色体时,PCR 扩增为阴性。但也存在极少数的例外现象。据报道,在染色体结构研究中发现载有 DYZ1 的 Y 染色体长臂区域有时发生缺失,而三千分之一的女性可因染色体易位而拥有这一段染色体。但由于其几率很低,所以对性别鉴定工作影响甚微。

三、实验准备

1. 实验材料:口腔黏膜细胞。
2. 试剂:DNA 释放液(含 20～100 mg/ml 蛋白酶 K 的 TE),PCR 特异性引物、dNTP混合液、10×PCR 反应缓冲液、Taq 酶、无菌水。
3. 器具:牙签、1.5 ml 离心管、0.2 ml PCR 反应管、吸头、移液枪、恒温水浴锅、台式离心机、涡旋仪、PCR 仪、水平电泳仪、紫外成像仪。

四、实验步骤

1. 模板的制备
(1) 冷开水漱口后,用牙签刮取口腔黏膜细胞。取 80 μl DNA 释放液,牙签插入后,涡旋片刻。
(2) 50℃水浴 20 min。
(3) 弃牙签,石蜡油覆盖后离心片刻。94 ℃ 处理 10 min。

2. 加样及 PCR 扩增

（1）PCR 反应体系：总体积 25 μl

PCR 反应液   20 μl

10×buffer   2 μl

dNTP   2 μl

primer 1   0.5 μl 20 μl

primer 2   0.5 μl

ddH$_2$O   15 μl

Taq 酶   1 μl （1U）

DNA 模板   3～4 μl

（2）设置对照

空白对照：以 ddH$_2$O 代替模板样品。

阴性对照：以标准女性样品作为 DNA 模板。

阳性对照：以标准男性样品作为 DNA 模板。

3. PCR 扩增参数

预变性：94℃   5 min

变性：94℃ 30 s

退火：55℃ 30 s   35 次循环

聚合：72℃ 60 s

延伸：72℃ 5 min

4. 电泳与结果判断

PCR 产物在含有 EB 的 2.0 ‰琼脂糖凝胶中电泳，以 2000 bp Marker（GeneRuler 100 ladder，Fermentas UAB，Inc.）作为标准相对分子质量对照，在 5V/cm 稳定电压的条件下电泳 1 h 左右，EPSON（Japan）紫外自动成像仪照相。

五、实验记录与思考

拍摄电泳图，对 PCR 产物的电泳结果进行人类性别的鉴定，并分析该方法的优缺点。

实验二十八   人类细胞巴氏小体的观察

一、实验目的

1. 掌握人类细胞巴氏小体玻片标本制作方法。
2. 观察识别巴氏小体形态特征及所在部位,鉴定个体的性别。

二、实验原理

在哺乳动物体细胞核中,除一条 X 染色体外,其余的 X 染色体常浓缩成染色较深的染色质体,此即为巴氏小体,又称 X 小体,通常位于间期核膜边缘。1949 年,美国学者巴尔(Murray Llewellyn Barr)等发现雌猫的神经细胞间期核中有一个深染的小体而雄猫却没有。在人类男性细胞核中很少或根本没有巴氏小体,而女性则有 1 个。以后研究表明,巴氏小体就是性染色体异固缩(细胞分裂周期中与大部分染色质不同步的螺旋化现象)的结果。

英国学者莱昂(M. F. Lyon)认为这种异固缩的 X 染色体(巴氏小体)缺乏遗传活性,并提出"莱昂假说",其内容主要是:(1)正常雌性哺乳动物体细胞中的两个 X 染色体之一在遗传性状表达上是失活的;(2)在同一个体的不同细胞中,失活的 X 染色体可来源于雌性亲本,也可来源于雄性亲本;(3)失活现象发生在胚胎发育的早期,一旦出现则从这一细胞分裂增殖而成的体细胞克隆中失活的都是同一来源的染色体。巴氏小体的数目及形态可通过显微镜观察得知,如可从人的口腔内刮取少许上皮细胞或取头发的发根,经染色处理后即可看到。巴氏小体直径约 1 微米,位于细胞核周缘部,略呈三角形、尖端向内。通过巴氏小体检查可确定胎儿性别和查出性染色体异常的患者,如克氏(Klinefelter's)综合征患者外貌为男性,但有一个巴氏小体,可判定患者的核型是 47,XXY;而外表为女性的特纳氏(Turner's)综合征患者却无巴氏小体,故判断患者的核型是 45,XO。其他性染色体异常的患者如 XXY、XXYY 有 1 个巴氏小体,而 XXX、XXXY 有 2 个巴氏小体等。

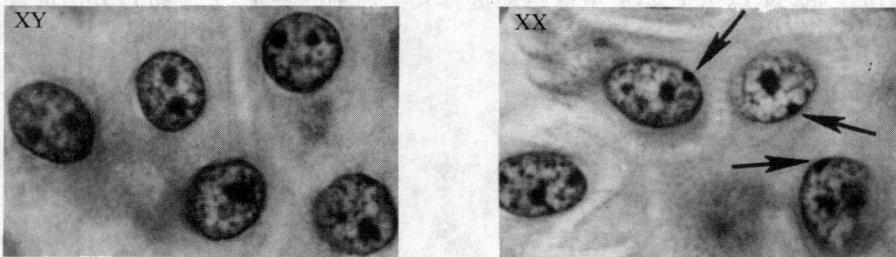

图 28 - 1   巴氏小体的观察(来源:http://www.mun.ca/biology/scarr/Barr_Bodies.jpg)

很多的实验证据都支持莱昂假说。如人类有一种 X-连锁的异常叫做无汗性外胚层发育不良(anhidrotic ectodermal dysplasia),本病主要表现为毛发稀少,牙齿发育异常,无汗或少汗,以及表皮和附件异常。杂合女性表现出有齿和无齿颚区的嵌镶以及有汗腺和无汗腺皮肤的嵌镶。这两种嵌镶的位置在个体之间明显不同,这是由于发育期一条 X 染色体随机失活所致。

三色猫(又叫做玳瑁猫)也是一个很好的例子。雌性的三色猫腹部的毛是白色的,背部和头部的皮毛由橘黄色和黑色斑组成,十分漂亮。这种雌猫是一个 X-连锁基因杂合体,X-连锁的 b 基因控制橙色(orange)毛皮,其等位基因 B 是控制黑色的毛皮。带有 b 基因的 X 染色体若失活,B 基因表达产生黑色毛斑,若带有 B 基因的 X 染色体若失活,b 基因表达则产生橙黄色毛斑。

三、实验准备

1. 材料:口腔黏膜细胞,发根鞘细胞。
2. 试剂:固定液(甲醇∶冰醋酸＝3∶1),生理盐水,卡宝品红染液。
3. 器具:显微镜,载玻片,盖玻片,牙签,吸管。

四、实验步骤

1. 取材与固定
口腔粘膜细胞:受检者清水漱口数次,用洁净牙签从女性口腔两侧刮取粘膜,原位刮 2～3 次,第一次舍去,第 2,3 次分别涂于干净载玻片上。放在空气中干燥,或用酒精灯微热烘烤,但不可过热。用卡宝品红染液染色 10～15 min,然后倾斜倒掉染液。用吸水纸吸干载片上的染液。

发根细胞:拔取女性带有毛囊的头发(约 2cm),发根部的 2～3 mm 的白色物体即为毛囊细胞团,置于载玻片上。在毛囊细胞处加一滴固定液,约 10 min,使毛囊细胞充分软化。用生理盐水冲洗 3 遍,以去除固定液。用镊子拿起头发将毛囊细胞轻轻靠在另一干净载片上,目的是制备单层涂布细胞(太多的毛囊细胞会使多层细胞堆积,不利于观察统计)。加一滴染色液,约 10 min 后,加盖玻片即可显微镜观察。

2. 镜检
在高倍镜或油镜下观察(巴氏小体)。

五、实验记录与思考

1. 观察并记录你所制备样本中巴氏小体的形态、位置,统计巴氏小体的频率。
2. XXY 个体是男性还是女性? 有几个巴氏小体?

实验二十九　人类染色体核型分析

一、实验目的

1. 了解人类染色体核型分析的原理。
2. 学习制作染色体核型模式图的基本方法。

二、实验原理

染色体核型(karyotype)是一个物种所特有的染色体数目及每一条染色体的形态特征,包括染色体相对长度、着丝粒的位置、臂比值、随体的有无、次缢痕的数目及位置等。核型是物种最稳定的特征和标志。

核型分析(karyotype analysis)是指利用显微摄影的方法,把生物体细胞内整套染色体拍下来,然后按照它们相对恒定的特征排列起来,制成核型模式图(idiogram),并进行分析的过程。在显带技术问世以前,主要依据染色体的大小、着丝粒的位置,将人类染色体顺序由1至22编号,并分为7组(表29-1)。但要想精确地鉴别每条染色体是比较困难的。20世纪70年代初随着染色体显带技术的发展和运用,不仅解决了染色体识别的困难,而且为深入研究染色体遗传及基因定位创造了条件。

表 29-1　人类染色体核型的分类

类　　别	染色体编号	染色体长度	着丝粒位置	随　　体
A	1—3	最长	中间、近中	无
B	4—5	长	近中	无
C	6—12,X	较长	近中	无
D	13—15	中	近端	有
E	16—18	较短	中间、近中	无
F	19—20	短	中间	无
G	21—22,Y	最短	近端	有

20世纪60年代末,瑞典细胞化学家Caspersson首先应用荧光染料喹吖因氮芥(quinacrine mustard)处理染色体标本,发现在荧光显微镜下每条染色体出现了宽窄和亮度不同的条纹,即荧光带,而每条染色体有其独特的带型,由此可以清楚地鉴别人类的每一条染色体。用此法显带称Q显带。后来发现将染色体标本用热、碱、胰酶、尿素、去垢剂或某些盐溶液预先处理,再用Giemsa染料染色,也可以显示类似带纹,称为G显带。用其他方法还可以得到与G带明暗相反的R带(reverse bands)和专门显示着丝粒异染色质的C带,以及专一显示染色体的端粒(T显带)或核仁组织区(N带)和各种带型。

在Q带、G带、C带、R带和T带等诸多显带技术中,G显带技术应用最广泛。G带区的DNA含较丰富的A—T碱基对,在细胞分裂间期呈固缩状态,而且是DNA晚复制区之一。有相当一部分中度重复DNA序列可能在G带区。相反,G—C含量多的染色体不易着色。

从而使染色体显示出明暗相间、宽窄各异的不同带型,根据不同染色体的特殊带型可以准确地鉴别每一条染色体,并且可以发现染色体上细微的结构畸变。

人类染色体核型(human karyotype)主要通过测量染色体长度、确定着丝粒位置、次缢痕、随体的有无等方面,并进行常规形态分析。如

臂比值:染色体的长臂长/短臂长,$A = p/q$

着丝粒指数:每条染色体短臂长度/该条染色体全长$\times 100$

相对长度:一条染色体全长$\times 100$/单倍体组全部染色体的长度。

表 29-2 来自 11 例正常人的 95 个细胞数据(每人 6～10 个细胞),每个细胞染色体平均总长度为 176 μm,标准差是 11 例中每例标准差的平均值(每例 6～10 个细胞)。

表 29-2　人类染色体的核型(引自 1971 年巴黎会议)

染色体号码	相应长度	着丝粒指数
1	8.44±0.433	48.36±1.166
2	8.02±0.397	39.23±1.824
3	6.83±0.315	46.95±1.557
4	6.30±0.284	29.07±1.867
5	6.08±0.305	29.25±1.665
6	5.90±0.264	39.05±1.665
7	5.36±0.271	39.05±1.771
x	5.12±0.261	40.12±2.117
8	4.33±0.261	34.08±1.975
9	4.50±0.244	35.43±2.559
10	4.59±0.221	33.95±2.243
11	4.61±0.227	40.14±2.328
12	4.66±0.212	30.16±2.339
13	3.74±0.236	17.08±3.227
14	3.56±0.229	18.74±3.596
15	3.46±0.214	20.30±3.702
16	3.36±0.183	41.33±2.74
17	3.25±0.189	33.86±2.771
18	2.93±0.164	30.93±3.044
19	2.67±0.174	46.54±2.299
20	2.56±0.165	45.45±2.526
21	1.90±0.170	30.89±5.002
22	2.04±0.182	30.48±4.932
Y	2.15±0.137	27.17±3.182

人类染色体核型分析在医学研究中具有重要意义,为探明某些疾病的病因、发病机制、诊断、治疗、预防等提供科学依据。

三、实验准备

1. 材料：人类染色体照片(图 29-1)一份 2 张。
2. 器具：镊子、剪刀、胶水、实验报告纸。

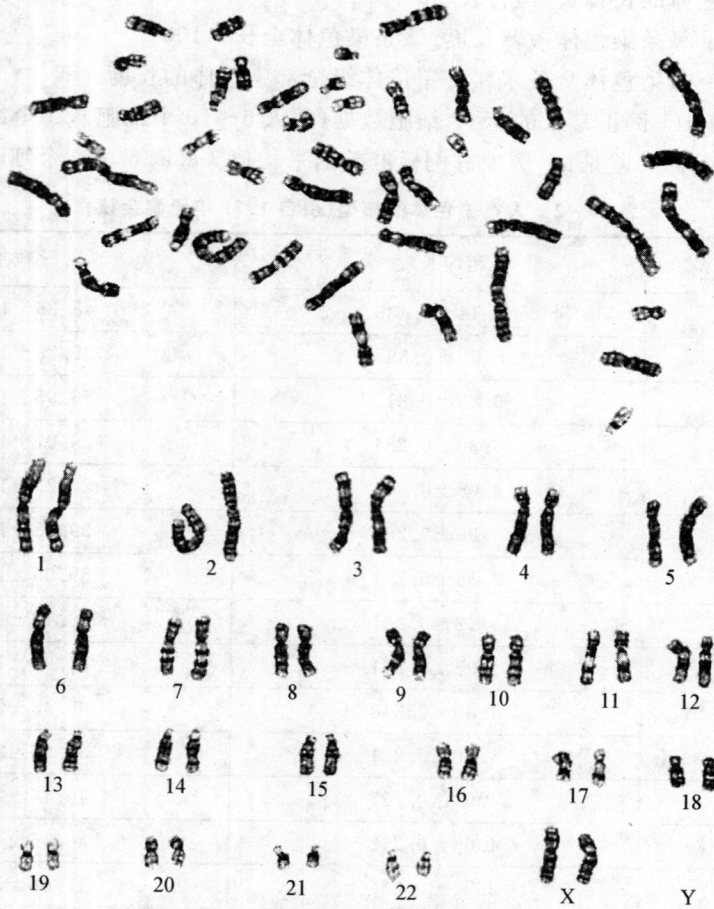

图 29-1 人类染色体的核型图

四、实验步骤

1. 从染色体照片中,将每条染色体逐一剪下来。

2. 将同源染色体组合在一起。在纸上画一条基线,将染色体按从长到短的顺序排列在纸上。先根据表 1,分为 A—G 共 7 组。

3. 测量每对染色体的臂长,计算着丝粒指数,根据表 29-2 所示参数,标上染色体号码。

五、实验记录与思考

1. 按照各号染色体的 G 带特征进行分组排列,剪贴成染色体核型图,并区分女性或男性染色体核型。

2. 目前科研和临床工作中对人类染色体核型进行自动分析的计算机软件有哪些?

实验三十　人群中 PTC 味盲基因频率的分析

一、实验目的

通过对人体遗传性状的分析及基因频率的计算，认识孟德尔定律的普遍意义和选择对改变基因频率的作用。

二、实验原理

根据人类遗传学的研究，人体的许多已知性状是按照孟德尔方式遗传的。

例如：人体对 PTC（苯硫脲，phenylthiocarbamide）尝味的能力是由一对等位基因（T、t）所决定的遗传性状，其中 T 对 t 为不完全显性。

苯硫脲（PTC）是一种白色结晶状有机化合物，由于含有硫酸胺基 N—C＝S 而具有苦味。在人群中，基因型为 TT 的正常尝味者的尝味能力高，能尝出 1/750,000～1/6,000,000 的 PTC 溶液的苦味，具有基因型 Tt 的人尝味能力较低，只能尝出 1/48,000～1/360,000 的 PTC 溶液的苦味，而基因型为 tt 的人，只能尝出 ＞ 1/24,000 的 PTC 溶液的苦味，甚至对 PTC 的结晶物也尝不出苦味来。在遗传学上这类人称为味盲。

有人用阈值法测定了我国黑龙江省 1050 人的 PTC 尝味能力，其中味盲共 99 人，占 9.43%，即在所测定的人群中：

（tt）基因型频率 $q^2 = \dfrac{99}{1050} = 0.094$，故

（t）基因频率 $q = 0.31$

基因（T）频率 $p = 1 - q = 1 - 0.31 = 0.69$

根据群体遗传学中有名的 Hardy-Weinberg 平衡法则，如果没有其他因素的干扰，在人群中，基因（t）的频率也将会世代相传不会发生变化。

如果我们假定：某种选择的作用对隐性纯合子（tt）不利，使其适应值＝0 时，则基因（t）频率将会发生改变，其改变的规律如下表所示。

基因型	TT	Tt	tt	合　计
初始频率	p_0^2	$2p_0q_0$	q_0^2	1
＊适应值	1	1	0	
选择后的频率	p_0^2	$2p_0q_0$	0	$p_0^2 + 2p_0q_0$
相对频率	$\dfrac{p_0^2}{p_0^2 + 2p_0q_0}$	$\dfrac{2p_0q_0}{p_0^2 + 2p_0q_0}$	0	1

＊适应值：指某一基因型跟其他基因型相比较时，能够存活并留下后代的相对能力，适应值为 0，即表示 100% 被淘汰。

选择后基因（t）的频率 $q_1 = \dfrac{1/2 \times 2p_0q_0}{p_0^2 + 2p_0q_0}$

$$= \frac{q_0}{p_0 + 2q_0}$$

$$= \frac{q_0}{p_0 + q_0 + q_0}$$

$$= \frac{q_0}{1 + q_0} \qquad (1)$$

选择后基因频率 q 的变化为 Δq：

$$\Delta q = q_1 - q_0 = \frac{q_0}{1 + q_0} - q_0$$

$$= \frac{-q_0^2}{1 + q_0} \qquad (2)$$

根据(1)式可以预计：若基因型(tt)的个体的适应值＝0,下一代群体中,基因(t)的频率将降到：

$$q_1 = \frac{q_0}{1 + q_0} = \frac{0.31}{1 + 0.31} = 0.2366 = 0.24$$

根据(2)式可算得基因(t)频率的改变量：

该结果与直接由：

$\Delta q = q_1 - q_0 = 0.24 - 0.31 = -0.07$ 是一致的。

以上的分析说明,强有力的选择作用,使隐性基因频率在一代之后比初始频率降低了 0.07(7%),于是群体的基因频率的平衡被打破,生物体便会产生某种方式的进化。

三、实验准备

1. 材料：受试者

2. 试剂

原液：取 PTC 结晶 1.3 g,加蒸馏水 1000 ml,不时摇动,在室温(20℃左右)1～2 天即完全溶解。

其他 13 种浓度的溶液稀释法及 PTC 含量见表 30 - 1。

表 30 - 1 PTC 不同浓度溶液的配制

溶液号	稀释方法 （单位：ml）	稀释倍数	PTC 浓度	基因型 的阈值
1	原液	1	1/750	tt
2	原液 100＋水 100	2	1/1500	tt
3	2 号液 100＋水 100	4	1/3000	tt
4	3 号液 100＋水 100	8	1/5000	tt
5	4 号液 100＋水 100	16	1/12000	tt
6	5 号液 100＋水 100	32	1/24000	tt
7	6 号液 100＋水 100	64	1/48000	Tt
8	7 号液 100＋水 100	128	1/96000	Tt

续　表

溶液号	稀释方法	稀释倍数	约含 PTC 的浓度	基因型的阈值
9	8 号液 100—水 100	256	1/190000	Tt
10	9 号液 100—水 100	512	1/360000	Tt
11	10 号液 100＋水 100	1024	1/750000	TT
12	11 号液 100＋水 100	2048	1/1500000	TT
13	12 号液 100＋水 100	4096	1/3000000	TT
14	13 号液 100＋水 100	8192	1/6000000	TT

将配制好的 14 种 PTC 溶液,分别取若干置于已消毒的瓶中。

3. 器具:洁净滴管。

四、实验步骤

1. 受试者坐于椅上,实验者用滴管先吸取第 14 号 PTC 溶液,滴 5～10 滴于受试者舌根部,令受验者徐徐下咽品味,然后,再用滴管自盛有蒸馏水的滴瓶中吸取蒸馏水,滴 5～10 滴于受试者舌根部,令受试者徐徐咽下品味。

2. 询问受试者能否鉴别两种溶液的味道,若不能鉴别(或认为 PTC 溶液的味道是酸、咸、辣或其他说不出的药味等等),则再用稍浓的 13 号溶液重复尝试……直至受试者鉴别出某一号溶液,此时应当再用此号溶液重复尝味三次,三次的结果相同时,才是可靠的。

3. 测定过程中应将 PTC 溶液与蒸馏水反复交替给受试者,以免由于受试者的猜想及其他心理作用而影响结果的准确性。

4. 按要求详细记录测定的结果。

五、实验记录与思考

1. 按给定的阈值范围作分类统计:首先算出味盲者(tt)基因型频率,然后求 t 基因及 T 基因的频率。

2. 证明在随机婚配的情况下,没有选择等因素的作用时,t 基因频率是怎样按 Hardy-Wienberg 法则保持平衡的。

3. 若假定 tt 基因型的适应值为 0,按公式(1)(2)分别计算选择后基因(t)的频率(q_1)及其改变量(Δq)。

其 他 实 验

实验三十一　粗糙链孢霉的分离和交换

一、实验目的

1. 通过对链孢霉杂交所产生的子囊孢子的观察，直接了解基因分离和交换现象。
2. 计算出基因与着丝粒之间的遗传图距，掌握着丝粒作图的方法。

二、实验原理

　　粗糙链孢霉（*Neurospora crassa*）又称红色面包霉，属于真菌中的子囊菌纲。由于其易于培养并且具单倍体的生活周期使隐性性状在后代中表现出来等优点，一直作为一种遗传分析的模式生物。Edward Tatum 和 George Wells Beadle 以粗糙链孢霉为实验材料的研究成果获得了 1958 年的诺贝尔生理学或医学奖。他们用 X 射线照射方法获得链孢霉突变体，发现一个酶发生突变使代谢途径改变，由此提出"一个基因一个酶"的假说。

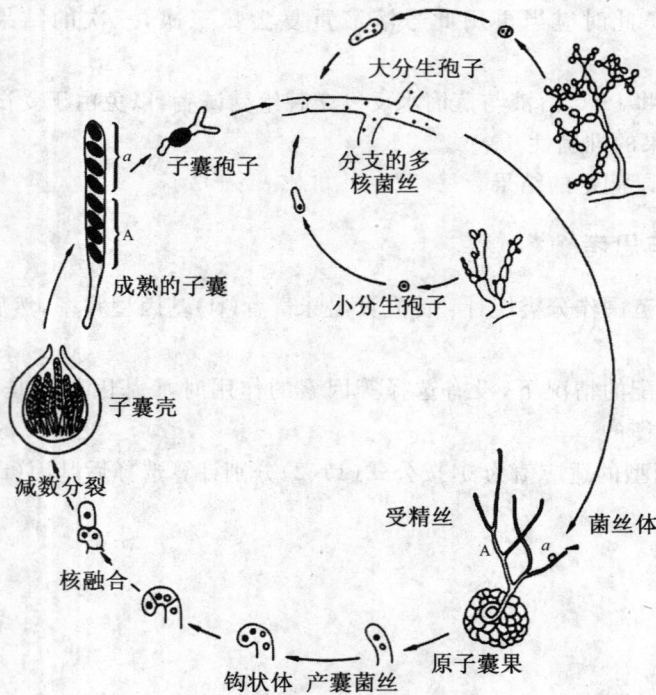

图 31-1　粗糙链孢霉的生活周期

2003 年 4 月 24 日,Nature 杂志报道了粗糙链孢霉的全基因组已测序完成,粗糙链孢霉基因全长 4.3×10^7 bp,包含约 10,000 个基因。目前,正在开展制备粗糙链孢霉的每一个基因的敲除突变体菌株的项目。

如图 31-1 所示,粗糙链孢霉的菌丝体是单倍体($n=7$),由多核菌丝体构成。每一菌丝细胞中含有几十个细胞核。由菌丝顶端断裂形成分生孢子。分生孢子萌发成菌丝,可再生成分生孢子,周而复始,这是粗糙链孢霉的无性生殖过程。

粗糙链孢霉也可以进行有性生殖,其染色体结构和功能类似高等动植物。粗糙链孢霉有两种不同接合类型(交配型,mating type)的菌株,它们在形态上没有差异,只有生理上的不同。不同接合类型(A 和 a,或 mt$^+$ 和 mt$^-$)生长在一起,就可以进行有性生殖,产生两倍体的合子,这种合子经过一次减数分裂,形成(顺序)四分子,每个核又进行一次有丝分裂,这样在一个子囊中,以一定的顺序排列成 8 个子囊孢子。若两个亲代菌株有某一遗传性状的差异。那么经杂交所形成的每一子囊必有 4 个子囊孢子属于一种类型,其他 4 个子囊孢子属于另一类型,它们的分离比是 1:1。而且子囊孢子按一定的顺序排列,因此可直接观察分离现象并推断交换的性质。由于粗糙链孢霉减数分裂的四个产物不仅留在一起,而且以直线方式排列在子囊中(如图 31-2 所示),故称顺序四分子。链孢霉杂交试验可直观地证明基因的分离及基因在染色体上的排列,并可用于着丝粒作图和基因转变研究。

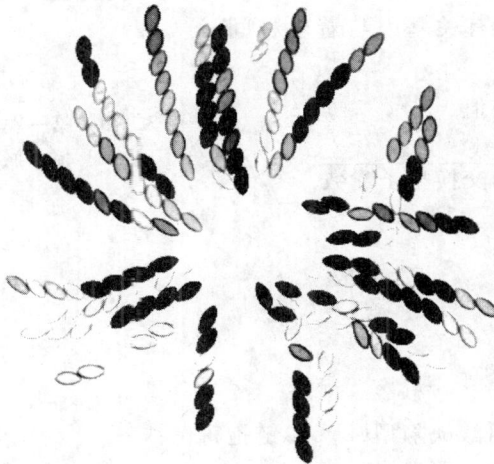

图 31-2　野生型与 Lys$^-$ 杂交所得的子囊孢子

本实验用赖氨酸缺陷型(Lys$^-$)与野生型(Lys$^+$)杂交,得到的子囊孢子分离为 4 个是黑的(+),4 个是灰的(-),赖氨酸缺陷型的孢子迟成熟,所以呈灰色。根据不同孢子在子囊中的排列顺序,可有 6 种子囊类型(图 31-3):

非交换型:(1) ＋ ＋ ＋ ＋ － － － －

　　　　　(2) － － － － ＋ ＋ ＋ ＋

交　换　型:(3) ＋ ＋ － － ＋ ＋ － －

　　　　　(4) － － ＋ ＋ － － ＋ ＋

　　　　　(5) ＋ ＋ － － － － ＋ ＋

　　　　　(6) － － ＋ ＋ ＋ ＋ － －

（1）类和（2）类子囊互为镜影，由于纺锤丝连接着丝粒的方式不同，造成染色体的随机趋向不同，（1）、（2）类子囊称为第一次分裂分离，第一次分裂后期时，Lys^+、Lys^-分开了，着丝粒与基因位点之间没有发生交换，所以（1）、（2）类也称非交换型子囊。

（3）、（4）类子囊形成时，Lys 基因与着丝粒间发生了一个交换，Lys^+ Lys^-在第一次分裂时没有分开，到第二次分裂后期时，带有 Lys^+的染色单体和带有 Lys^-的染色单体相互分开，所以称为第二次分裂分离。

（5）、（6）类子囊的形成和（3）（4）类似，也是两个单体发生了交换，不过交换不是发生在第 2 条染色单体和第 3 条染色单体之间，而是发生在（1）、（3）或（2）、（4）两条染色单体间。

交换型的出现是由于有关基因和着丝粒之间发生了一次染色体交换，所以从交换型子囊数的百分数，可以计算出有关基因与着丝粒间的重组值，公式如下：

着丝粒—基因间重组值

$$= \frac{交换型子囊数 \times 1/2}{交换型子囊数 + 非交换型子囊数} \times 100\%$$

重组值去％即为图距。

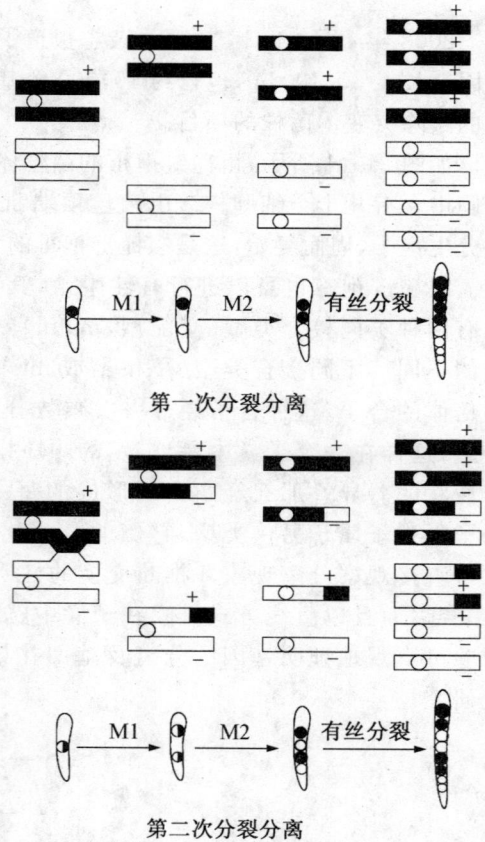

第一次分裂分离

第二次分裂分离

图 31-3　第一次和第二次分裂分离的子囊孢子形成示意图

三、实验准备

1. 材料

野生型（Lys^+）和赖氨酸缺陷型（Lys^-）链孢霉菌株。

2. 试剂

（1）麦芽汁培养基：麦芽汁 50 ml，蒸馏水 30 ml，加 2％琼脂即成，分装成 12 支试管，每支试管 3～4 ml。8 磅压力下消毒 30 min，摆斜面。

或者：马铃薯削皮，洗净，切成黄豆大小碎块，每试管放 5～6 块，加 2％琼脂，分装 12 支试管。8 磅压力下消毒 30 min，摆斜面。

（2）玉米培养基：将浸泡 1 天的玉米分装在试管中，每试管放 2～3 粒，加 2％琼脂，8 磅压力下灭菌 30 min，摆斜面。

（3）次氯酸钠：5％。

3. 器具

显微镜、钟表镊子、解剖针、接种针、载玻片、试管、过滤纸、培养皿、圆头玻璃棒。折叠滤纸（长度 3～4 cm）若干，高压灭菌。

四、实验步骤

1. 菌种活化：为使菌种生长良好，先要进行菌种活化。把野生型和赖氨酸缺陷型菌种从冰箱中取出，分别接在两支试管斜面（马铃薯培养基）上，接缺陷型的试管预先加入 0.1 ml Lys。贴上标签，在 25℃ 恒温箱中培养 3～4 天。

2. 杂交：长好的菌株在菌丝的上部有红粉状孢子，将两个菌种（Lys$^+$×Lys$^-$）接种在同一玉米培养基上，贴好标签，培养在 25℃ 恒温箱中 1～3 周，至棕黑色的子囊果出现为止。子囊果成熟后，开始用显微镜观察。

3. 显微镜观察

(1) 在载片上加一滴次氯酸钠，用接种环或解剖针挑出几个子囊果放在次氯酸钠中 5 min。

(2) 取另一载片，把一个子囊果压碎，从散开的子囊观察子囊孢子的不同排列顺序，了解分离和交换情况。

(3) 实验观察

Ⅰ. 观察若干子囊果，记录每个完整子囊类型。

		观 察 数	合 计
非交换型	+ + + + − − − − − − − − + + + +		
交换型	+ + − − − − + + + + − − − − + +		

Ⅱ. 计算着丝粒与基因间的重组值。

$$交换值 = \frac{交换型子囊总数}{观察的子囊总数} \times \frac{1}{2} \times 100\%$$

五、实验记录与思考

1. 观察一定数目的子囊果，记录每个完整子囊类型，计算 Lys 基因与着丝粒的距离。

2. 在计算着丝粒距离的公式中，1/2 的含义是什么？

3. 假设在基因与着丝粒之间有双交换发生，你的数据和计算结果会发生怎样的偏差？

附录：链孢霉遗传学研究的各类资源

Neurospora crassa genome 网站：http：//www. broad. mit. edu/annotation/genome/neurospora/

Fungal Genetics Stock Center（FGSC）网站：http：//www. fgsc. net/Neurospora/neurospora. html

实验三十二　　洋葱根尖有丝分裂的观察

一、实验目的

1. 学习植物根尖压片的基本技术。
2. 熟悉细胞有丝分裂各个时期的形态特征及染色体行为,了解有丝分裂的遗传学意义。

二、实验原理

细胞分裂(cell division)可分为无丝分裂(amitosis)、有丝分裂(mitosis)和减数分裂(meiosis)三种类型。

无丝分裂又称为直接分裂,由 R. Remark(1841 年)首次发现于鸡胚血细胞。表现为细胞核伸长,从中部缢缩,然后细胞质分裂,其间不涉及纺锤体形成及染色体变化,故称为无丝分裂。无丝分裂不仅发现于原核生物,同时也发现于高等动植物,如植物的胚乳细胞、动物的胎膜、间充组织及肌肉细胞等。

有丝分裂又称为间接分裂,由 W. Fleming (1882 年)首次发现于动物及 E. Strasburger (1880 年)发现于植物。特点是有纺锤体和染色体出现,子染色体被平均分配到子细胞,这种分裂方式普遍见于高等动植物。

减数分裂是指染色体复制一次而细胞连续分裂两次的分裂方式,是高等动植物配子体形成的分裂方式。

有丝分裂过程是一个连续的过程,为了便于描述人为地划分为五个时期:间期(interphase)、前期(prophase)、中期(metaphase)、后期(anaphase)和末期(telophase)。

1. 间期

间期是处于两次分裂的中间时期,包括 G_1 期、S 期和 G_2 期,间期染色体伸长成细丝状结构,不容易被染色,所以只看到分散的,呈网状的染色质,核膜、核仁都存在。但在这时期,细胞核内部正在进行复杂的过程,如 DNA 合成,染色体复制等。

2. 前期

染色体细丝逐渐缩短而加粗(即染色体细丝开始螺旋化),逐渐可以看到清晰的染色体,此时每条染色体有一个着丝粒和纵向并列的两个染色单体(当然,在显微镜下是看不清染色单体的)。前期将要结束时,染色体缩短几乎到达极点,与此同时,核仁、核膜逐渐消失。

3. 中期

这时染色体开始向赤道移动,最后排列在赤道板上。并出现纺锤丝,纺锤丝连接着染色体的着丝点。

4. 后期

每一染色体的着丝粒分裂成两个,着丝粒分开后纵列的染色单体也跟着分开,分别向两极移动,这样就完成了每一条染色体有规则的分裂。此期,在细胞的两极各有一组染色体,每组和原来细胞的染色体数一样。

5. 末期

植物细胞中,在原来赤道板的位置上出现一个细胞板,细胞分为两个子细胞,在动物细胞中,赤道板区域收缩并且不断深化,最后把细胞分为两个。

通过以上几个步骤,细胞完成了一次有丝分裂过程。有丝分裂是一个连续的过程,而把它分为前、中、后、末期,只不过是人们为研究中的方便而定的,所以如中期,还可以细分为早中期、中中期、晚中期等。

三、实验准备

1. 材料:洋葱根尖或蚕豆根尖。

(1)洋葱根尖的培养:剪去洋葱老根,放在盛有水的广口瓶上,使水浸到鳞茎下部,在黑暗条件下培养,1~2 天后有许多新根长出,待新根长到 1~2 cm 时,在中午 12 时左右,切下根尖迅速投入固定液中固定。

(2)蚕豆根尖培养:将干的蚕豆泡在水中一昼夜,使蚕豆充分吸水,种皮膨胀,然后将种子整齐地放在 3~4 cm 厚的石英砂(或其他砂子里)上,覆盖薄薄一层石英砂,淋上少量水。2~3 天后,待蚕豆根长 2~3 cm 时进行固定。用这种方法发的蚕豆根具有白、直、尖的特点,分裂相十分多。

2. 试剂

(1)醋酸酒精固定液的配制:醋酸酒精固定液也称卡诺氏液,是常用植物材料的固定液。醋酸用冰醋酸,酒精用纯酒精。以醋酸:酒精=1:3 比例混合即成。溶液必须现配现用。

(2)各种浓度酒精的配制:因 100% 的乙醇是由 95% 酒精蒸馏而成,价格较贵,一般不用于稀释,所以实验室用 95% 浓度的酒精稀释到所需的浓度。稀释方法是先将 95% 酒精倒入量筒,其量和将要稀释的酒精的百分比相等,然后将蒸馏水加到 95 毫升,即得所配浓度的酒精。

(3)1 mol/L HCl 的配制

取浓盐酸(36%~38%)82.5 ml 加蒸馏水到 1000 ml,摇匀。

(4)醋酸洋红染液:配法见附录。

3. 器具

显微镜、镊子、解剖针、载片、盖片、吸水纸、培养皿、酒精灯、纱布、铁笔。

四、实验步骤

1. 固定:用刀片切下根尖投入卡诺氏固定液 3~24 h,随后依次在 95%、85%、80% 酒精中各 10 min,最后投入 70% 酒精,或固定后用 70% 酒精洗数次,转入 70% 酒精,最后置于冰箱中保存备用。

固定时间最好在分裂高峰:一般认为植物根的有丝分裂是有高峰的,如洋葱一般在中午 12 时左右,禾谷类植物上午 10~11 时许,蚕豆在下午 4~5 时,晚上 11~12 时两次高峰,但也有观点认为没有固定的高峰。

2. 解离:取已固定的材料放在 1 mol/L HCl 解离液中,置 60℃ 水浴锅中解离到根尖透明为止。或用浓盐酸:酒精=1:1 的解离液解离 2~5 min,不同的材料所需解离时间的不同。

3. 水洗:将解离后的材料转入一只装有清水的烧杯内,换几次水,把解离液洗去。

4. 染色及压片:取一干净的玻片,用刀片或解剖针截取根尖(乳白色部分)置于玻片上,滴上少许染液,用解剖针或镊子轻轻捣碎组织,然后盖上盖玻片,再盖上一块吸水纸,左手食指压盖片为一角,右手用铁笔轻轻敲击材料,边在酒精灯上微微加热(切勿使片子沸腾),敲至材料均匀地分布在玻片上为止。然后也可以将片子翻过来,使盖片朝下,用大拇指对准盖片部位用力一压,这时切勿使盖片移动。

5. 观察:选取细胞分散的视野,观察有丝分裂的各个时期。

五、实验记录与思考

1. 拍摄并记录你所看到的图像,并说明是有丝分裂的哪一时期。
2. 染色体制片技术主要有哪些类型?

实验三十三　蝗虫精巢减数分裂过程中染色体行为的观察

一、实验目的

1. 观察减数分裂各个时期的染色体行为和特征。
2. 了解动物生殖细胞形成过程。
3. 掌握染色体制片的方法。

二、实验原理

减数分裂是一种特殊方式的分裂,在配子形成过程中发生,是遗传性状传递的细胞学基础。分离、自由组合及连锁交换法则的细胞学机制就在于减数分裂。减数分裂有两个重要特点:

1. 染色体只复制一次,连续进行两次分裂,结果形成的四个子细胞染色体的数目(n)比母细胞的染色体数目($2n$)减少一半,故称减数分裂。

2. 第一次分裂的前期较长,变化复杂,其中包括同源染色体的配对(联会)、交换与分离等。前期 I 包括细线期、偶线期、粗丝期、双线期和终变期这五个时期。

减数分裂各时期的主要特征:

1. 前期 I

(1) 细线期:染色体呈细长的细线,相互缠绕,首尾难分,核仁明显。此时,染色体已在分裂周期的 S 期复制,每一染色体已有两个染色单体,但在细线期的染色体上还看不出双重性。

(2) 偶线期:染色体的形态与细线期没有多大差异。

(3) 粗线期:配对的染色体逐渐缩短变粗。可以数到单倍体数目的染色体数,即 n 个双价体,每个双价体(二价体)有两个着丝点。由于每个染色体早已复制为二,所以双价体实际上由四个染色单体所组成。在这个时期,同源染色体的非姐妹染色单体之间发生了片段互换,从而导致杂合体基因之间的交换与重组。

(4) 双线期:染色体变得较短较粗,双价体中的两个同源染色体开始因相互排斥而分开,不过在染色体发生互换的地方仍然连在一起,交叉数目逐渐减少,在着丝粒两侧的交叉向两端移动,这个现象称为交叉端化,或简称端化。同时染色体也跟着缩短变粗,螺旋化程度加深。

(5) 终变期(又称浓缩期):双线期到终变期的过渡表现为染色体的继续缩短和交叉端移。典型的终变期,染色体达到高度的浓缩,同源染色体仍有交叉联系着,所以仍为 n 个双价体分散在细胞核中,染色本螺旋化达到最高程度,核仁核膜最终消失。此时交叉端化,染色体计数最为方便准确。

2. 中期 I

核膜和核仁已消失,各个双价体排列在赤道上,成对染色体的着丝点朝向两极。纺锤丝出现,把着丝点拉向两极。两个同源染色体上的着丝点逐渐远离,双价体开始分离,但仍有交叉联系着,不过交叉数已大为减少,一般都已移向端部。各同源染色体的两个成员向哪一极是随机的。

3. 后期Ⅰ

双价体中的两个同源染色体分开,分别向两极移动。随着着丝点的位置不同,后期染色体出现各种不同的形状。由于此时每个染色体的着丝粒尚不分裂,所以每极只分到每对同源染色体中的一个,即每极各有 n 个染色体,而这 n 个染色体中的每个染色体都仍保持带有两条染色单体。这时候,实现了染色体数目的减半,因此第一次减数分裂是真正的减数分裂。

4. 末期Ⅰ

移向两极的染色体又聚合起来,核膜重建,核仁重新形成。接着进行胞质分裂,成为两个子细胞,染色体渐渐解开螺旋,纤丝螺旋折叠程度降低,又变成细丝状。在蚕豆和番茄等双子叶植物中,细胞质并不分裂,两个新的细胞核仍然停留在共同的细胞质中。而单子叶植物则形成新的细胞板。

5. 前期Ⅱ

和有丝分裂前期一样,也是每一染色体具有两条染色单体,所不同的是只有 n 条染色体。有些植物(如玉米的有些品种)此期染色体两单体之间的臂分得很开,但着丝点还连在一起。

6. 中期Ⅱ

可以看到缩短了的具有两个染色单体的染色体又整齐地排列在各个细胞的赤道板上。

7. 后期Ⅱ

每个染色体的着丝粒纵裂,姐妹染色单体开始分向两极。

8. 末期Ⅱ(四分孢子期)

趋向两极的染色体形成新的细胞核,形成四个子细胞,每个子细胞只有 n 条染色体。在禾本科植物中,每个花粉母细胞形成整齐的四分孢子,双子叶植物中四分孢子排列成四面体锥形状。一般动物的初级精细胞($2n$)产生的四个精细胞是分散状态的,而双子叶植物开始是在一个细胞中出现四个子母核,然后再生成子细胞壁。

三、实验准备

1. 材料:短角斑腿蝗(*Catan tops brachycerus*)精巢。
2. 试剂:醋酸酒精固定液(醋酸:酒精=1:3 比例),卡宝品红染色液。
3. 器具:显微镜、镊子、解剖针、载玻片、盖片、吸水纸、培养皿、染色板、酒精灯、铁笔等。

四、实验步骤

1. 蝗虫精巢减数分裂观察

(1)固定:采集短角斑腿蝗,取雄虫精巢于醋酸酒精固定液中固定 2~24 h,换成 70% 酒精,冰箱保存。

(2)染色:将卡宝品红滴在染色板内,取固定的精巢在卡宝品红中染色 20 min 以上。

(3)制片:取一精细管,放在载片中央加少许染液,盖片以指压法压片,或用铁笔在盖片上轻轻敲击十几下。同时,可在酒精灯上烘一下。每次烘要很快掠过,烘的次数要看染色体颜色而定,染色以染色体色深而细胞质较浅为宜。

(4)观察:将片子放在显微镜下观察,寻找分裂图像。

附:2. 蚕豆花粉母细胞减数分裂观察

(1) 固定:取刚现蕾的蚕豆花序置于醋酸酒精固定液中(如前)固定 2～24 h,换入 70% 酒精中,冰箱保存。

(2) 选取花蕾:取出花蕾,视其成熟程度,按次序逐个摘下花蕾排列于小培养皿中,选取花蕾横径约 1～2 mm 的较为适宜。

(3) 染色:用解剖针取一花蕾于载片上,轻轻剥开花蕾取出花药,将其他花器弃之。在取出的花药上滴一滴卡宝品红染色液,然后用解剖针轻轻挤压花药,使花药内的细胞挤出,再用镊子将空的花药取出。

(4) 制片:盖上盖玻片先在酒精灯下微微加热,然后将玻片盖片朝下置于吸水纸上,用拇指适力轻压,压时用力均匀,勿使盖片称动位置。

(5) 观察。

3. 玉米花粉母细胞观察

(1) 取材固定:在玉米雄穗抽穗前 7～10 日(即大喇叭口时期),上午 8～10 时,取三米雄穗放入醋酸酒精固定液中 3～5 h,换一次新鲜固定液,24 h 后,换成 70% 酒。置于冰箱备用。

(2) 制片方法步骤:玉米雄穗分裂,最先的部位在每一分枝中部靠上端,由此向下同上的小穗逐渐幼嫩,玉米小穗成对。无小穗的发育时期比邻近的有小穗为早,每一小穗有两朵小花,每一小花具三枚花药,第一小花比第二小花幼嫩,同一小花的三个花药则几乎处于同一分裂时期。

① 选材:先将玉米雄穗分枝置于培养皿中,加入少许固定液,以防干燥。然后用解剖针从适当大小的小花内挑选出花药 1～2 个,置于洁净的载玻片上。

② 染色烤片:加少许卡宝品红,再用解剖针切断花药。用针头轻压,挤出花粉母细胞,快速在低倍镜下观察一下。若有所需时期的细胞,迅速地尽量挤净花粉母细胞。除去空的花壁,微微捣开成堆的花粉母细胞,立即加上盖片。盖上盖片时不必施加压力,有多余染液时用吸水纸吸去,切勿使盖片来回移动。

将片子在酒精灯火焰上来回移动,直到气泡逐渐扩大为止。烘烤要反复多次进行,可使细胞质染色尽量退去。染色体得到充分鲜明的着色。

(3) 镜检。

4. 永久片的制作方法

有时为了复查或科研教学中的需要,要求长期保存临时片,可以将临时压片做成永久制片。

制作永久片的基本原则是:将材料完全脱水,经过透明,封藏在中性树胶中。做永久片的简便方法如下:

(1) 选择有清晰图像的片子。在 45% 醋酸中盖片朝下,自然脱去盖片。

(2) 95% 酒精:冰醋酸(1:1):5～6 min,注意盖片方向。

(3) 95% 酒精:正丁醇(2:1):2～3 min。

(4) 95% 酒精:正丁醇(1:2):2～3 min。

(5) 纯正丁醇:2～3 min。

(6) 用中性树胶或加拿大树胶封片。待胶干后,观察鉴别分裂相,贴标签。

五、实验记录与思考

1. 拍摄或绘制你所看到的分裂图,并写出这是什么时期的图像。

2. 思考题:

(1) 减数分裂和有丝分裂有何不同?

(2) 减数分裂在生物进化中有什么意义?

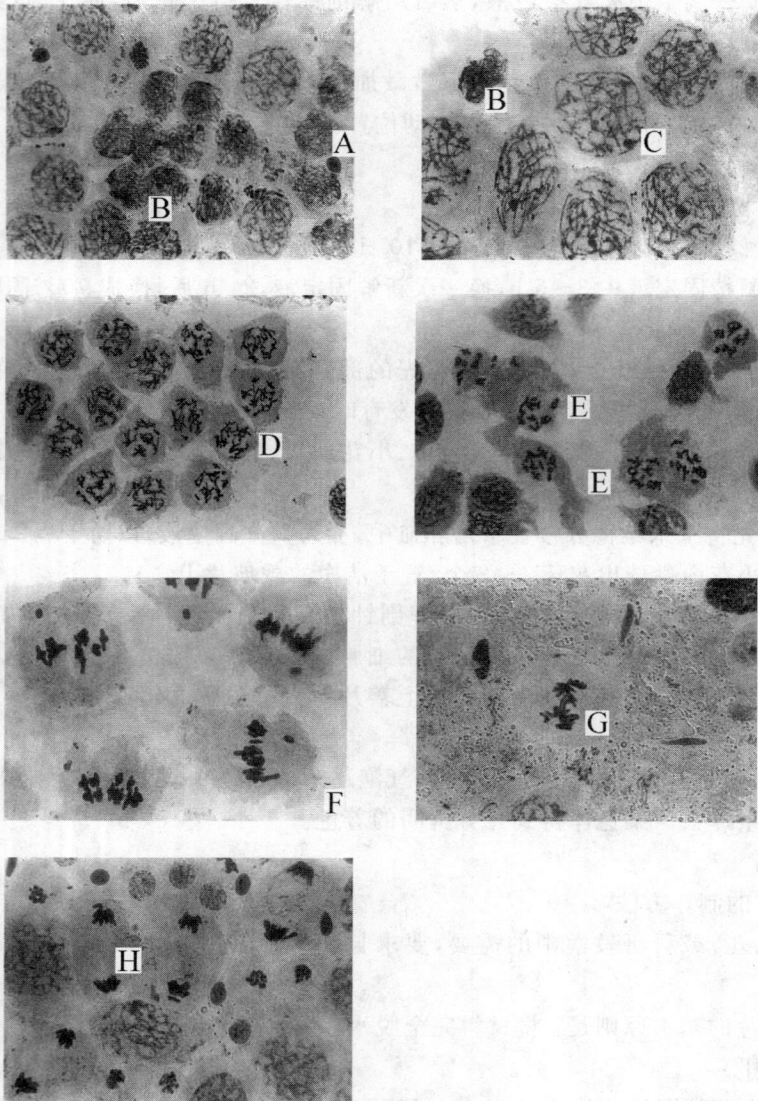

图 33 - 1　蝗虫减数分裂过程中染色体观察

A. 细线期;B. 偶线期;C. 粗线期;D. 双线期;E. 终变期;F. 中期I;G. 后期I;H. 末期I

实验三十四　洋葱根尖多倍体的诱发

一、实验目的

1. 学习诱发植物多倍体的基本原理和处理方法。
2. 掌握植物多倍体的细胞学鉴定方法。

二、实验原理

自然界各种生物的染色体数目是相对恒定的,例如:人 $2n=46$,果蝇 $2n=8$,洋葱 $2n=16$,蚕豆 $2n=12$,这是物种的重要特征。遗传学上把一个配子的染色体数,称为染色体组(或称基因组),用 n 表示。一个染色体组内每个染色体的形态和功能各不相同,但又互相协调,共同控制生物的生长和发育、遗传和变异。

由于各种生物的来源不同,细胞核内可能具有一个或一个以上的染色体组。凡是细胞核中只含有一个染色体组的就叫做单倍体,也用 n 表示。具有两个染色体组的生物体称为二倍体,用 $2n$ 表示。细胞内多于两个染色体组的生物体称为多倍体,这类生物细胞内染色体数目的变化是以染色体组为单位进行增减的,所以称为整倍体。

多倍体普遍存在于植物界,目前已知道被子植物中约有 1/3 或更多的物种是多倍体,除了自然发生的多倍体物种之外,还可采用高温、低温、X 射线照射、嫁接和切断等物理方法人工诱发多倍体植物。在诱发多倍体方法中以应用化学药剂更为有效。如秋水仙素、异生长素、富民农等,都可以诱发多倍体,其中以秋水仙素溶液效果最好,使用最为广泛。

秋水仙素溶液的主要作用是抑制细胞分裂时纺锤体的形成,使染色体向两极的移动被阻止,而停留在分裂中期,这样细胞不能继续分裂,从而产生染色体数目加倍的核。若染色体加倍的细胞继续分裂,就形成多倍体的组织。由多倍体组织分化产生的性细胞,可通过有性繁殖方法把多倍体繁殖下去。如果将种子用秋水仙素浸渍,也可诱导多倍体植株产生。

多倍体已成功地应用于植物育种。用人工方法诱导的多倍体,可以得到一般二倍体所没有的优良经济性状,如粒大、穗长、抗病性强等。三倍体西瓜、三倍体甜菜、八倍体小黑麦已在生产上得到广泛的应用。染色体加倍后必须进行鉴别,同源多倍体主要是根据形态特性来判断,如叶色、叶形及气孔和花粉粒的大小。最为可靠的方法是待收获大粒种子后,再将这些大粒种子萌发,制备根尖压片,然后检查细胞内的染色体数目,只有染色体数目加倍了,才能证明植株已诱变成功。多倍体的直接鉴定方法是用压片法检查根尖或花粉母细胞的染色体数目。

三、实验准备

1. 材料:洋葱。
2. 试剂: $0.01\%\sim0.1\%$ 秋水仙素溶液、1% 醋酸洋红。
3. 器具:显微镜、镊子、解剖针、刀片、载玻片、盖玻片、吸水纸、酒精灯、纱布、铁笔等。

四、实验步骤

1. 多倍体的诱发：先剪去洋葱老根，然后置于盛满水的广口瓶上，等新根长出后，再移到盛有 0.01%～0.1% 浓度的秋水仙素中，直到根尖膨大为止，或将发芽一天以上的蚕豆种子（胚根长 1 cm 左右）浸入 0.1% 秋水仙素溶液内，置于 25℃恒温箱或差不多的室温下培养，直到根尖膨大为止。

2. 固定和保存（同实验三十二）

3. 解离：1 mol/L HCl 解离，60℃水浴锅中进行。

4. 染色制片（同实验三十二）。

5. 鉴定、观察多倍体细胞，计算染色体数目。

五、实验记录与思考

1. 拍摄或绘制你在显微镜下观察到的二倍体和四倍体细胞图像。

2. 自然界的多倍体是如何发生的？

注意事项：

1. 秋水仙素处理时间应根据供试材料的细胞周期而定，当处理时间介于供试材料细胞周期的一倍到两倍之间时，可观察到细胞由二倍体变为四倍体，当处理时间多于供试材料细胞周期的两倍以上时，供试材料的细胞可从四倍体变为八倍体，因此，在培养多倍体细胞时，应注意秋水仙素处理时间。此外，秋水仙素的浓度对处理效果也有影响，应注意掌握。

2. 多倍体细胞中染色体的形态有两种，一种为一条染色体含有一条单体，另一种为一条染色体含有两条单体，应注意观察，并思考其形成原因。

3. 秋水仙素为剧毒药品，实验中应注意不要将药品沾到皮肤上、眼睛中。如果沾到皮肤上，应用大量自来水冲洗。

实验三十五 洋葱表皮基因枪法的瞬时转化

一、实验目的

1. 学习基因枪法转基因的基本原理及操作方法。
2. 了解基因枪法洋葱表皮瞬时转化实验流程。

二、实验原理

基因枪法又称粒子轰击（particle bombardment）、高速粒子喷射技术（High-velocity particle microprojection）或基因枪轰击技术（gene gun bombardment），是由美国康奈尔大学生物化学系 John C. Sanford 等于 1983 年研究成功。1987 年，Klein 等首先报道了应用此技术将 TMV（烟草花叶病毒）RNA 吸附到钨粒表面，轰击 $1cm^2$、具有约 2000 多个细胞的洋葱表皮组织，结果约 90％的细胞同时轰击中。经检测发现受体细胞中病毒 RNA 能进行复制，并以同样技术将 CAT（Chloramphenicol acetyltransferase，氯霉素乙酰转移酶）基因导入洋葱表皮细胞。1990 年美国杜邦公司推出了商品基因枪 PDS-1000 系统，其改进的核心是粒子加速系统，可提高射弹的可控度，即粒子速度和射入浓度等。现在，基因枪法转化技术已在烟草、水稻、小麦、黑麦草、甘蔗、棉花、大豆、菜豆、洋葱、番木瓜、甜橙、葡萄等多种作物的转化上获得成功。

图 35-1 PDS-1000/He 型基因枪

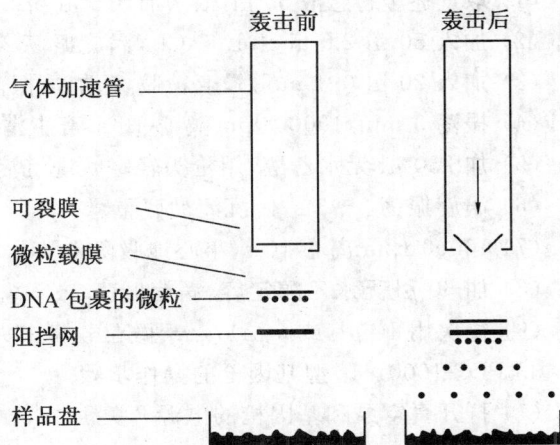

图 35-2 基因枪轰击基本原理示意图

根据动力系统基因枪可分为火药引爆、高压放电和压缩气体驱动三类。其基本原理是通过动力系统将带有基因的金属颗粒（金粒或钨粒），以一定的速度射进植物细胞，由于小颗粒穿透力强，故不需除去细胞壁和细胞膜，从而实现稳定转化的目的。因此，基因枪法转基因的最大特点是没有物种限制，靶受体类型广泛，具有应用面广，操作方法简单，转化时间短，转化频率高，实验费用低等优点。对于农杆菌不能感染的植物，采用该方法可打破宿主的局限。基因枪的转化频率与受体种类、微弹大小、轰击压力、阻挡板与金颗粒的距离、受体预处理、受体轰击后培养有直接关系。

三、实验准备

1. 材料：新鲜洋葱、质粒 pBI 121。

2. 试剂：金粉（Φ 1.0 μm）、2.5 mol/L CaCl₂、0.1 mol/L 亚精胺、无水乙醇、70％的酒精、无菌水、0.4 mol/L 山梨醇的 MS 培养基。

3. 器具：Bio-Rad PDS-1000/He 型基因枪、超净工作台、涡旋仪、镊子、玻璃平皿等。

四、实验方法

1. 微弹制备（金粉的准备）

（1）称取 3 mg 金粉（Φ 1.0 μm）于 1.5 ml 进口离心管中。

（2）加入 50 μl 无水乙醇，涡旋振荡 3 次，每次 1～2 min。

（3）静置 10 min。

（4）10000 rpm 离心 1 min。

（5）弃上清，加入 50 μl 无菌水，涡旋振荡 30 s，使金粉重悬。

（6）10000 rpm 离心 1 min。

（7）重复步骤 5、6 两次。

（8）弃上清，加入 50 μl 无菌水，涡旋振荡 30 s，重悬后备用。

注：3 mg 金粉可包裹 5 μg DNA，能轰击 6～10 枪，每个载体所需的金粉量可按比例加减。如轰击 3～5 枪，可用 1.5 mg 金粉制成 25 μl 悬液，其他药品用量均减半。

2. DNA 的包裹

（1）取上述金粉悬液 50 μl，依次加入 5 μl pBI 121 质粒 DNA（1 μg/μl），涡旋振荡 2～3 s。

（2）加入 50 μl 2.5 mol/L CaCl₂，涡旋振荡 2～3 s。

（3）加入 20 μl 0.1 mol/L 亚精胺，边加边振荡。

（4）振荡 3 min，10000 rpm 离心 10 s，弃上清。

（5）加 250 μl 无水乙醇，用枪头轻轻吹洗沉淀。

（6）涡旋振荡 2～3 s，使沉淀彻底重悬。

（7）10000 rpm 离心 10 s，小心地吸除上清。

（8）加 60 μl 无水乙醇定容，涡旋振荡 2～3 s。

（9）每次用 10 μl（或 6 μl），点于微粒载膜中央，使其平铺，晾至完全干燥，待用。

3. PDS-1000/He 型基因枪的操作步骤

（1）打开真空泵和基因枪的电源开关。

（2）打开氦气瓶阀门，旋转氦气调节杆，使气压高于所选可裂膜压力 200 psi 左右。

（3）旋下可裂膜挡盖，将可裂膜放在挡盖中央（要放正，防止漏气），将挡盖旋上，用专用扳手加固。

（4）把微粒发射装置移出轰击室，旋下盖子，放入阻挡网，把微粒载片安装在固定槽中（有微粒的一面朝下），旋上盖子，将微粒发射装置放回轰击室。

（5）将样品盘放置在轰击室的适当位置，关上轰击室门。

（6）按 VAC 开关（上挡）抽真空。当真空表读数为所需值时（27～28 inch Hg），开关打到 HOLD 开关处（下挡），然后按住 FIRE 开关，当达到适当压力，可裂膜自动破裂后（可听见"啪"一声），松开 FIRE 开关。

（7）开关打到 VENT 处（中间挡），以释放轰击室内的真空（否则轰击室门打不开）。

（8）打开轰击室门，取出样品盘。

（9）取出微粒发射装置，卸下微粒载膜和阻挡网（阻挡网和微粒载片固定槽放入 70% 的酒精中浸泡）。

（10）旋下可裂膜挡盖，清除可裂膜碎片。

（11）若 PDS-1000/He 不再使用时，关掉氦气瓶的主阀，按住 FIRE 开关，放掉气体加速管内的氦气压力，最后关掉一切电源。

注意事项：

（1）可裂膜和微粒载片使用前先在 70% 的酒精中浸泡 15 min，然后晾干待用。

（2）可裂膜挡盖、微粒发射装置等使用前先用 70% 的酒精擦洗消毒。

（3）可裂膜、阻挡网和微粒载片需用平头镊子夹取。

（4）亚精胺一般现配现用，如经常使用，可配成 1 mol/L 的母液，分装于 Eppendorf 管中，可于 -20℃ 保存 1~2 个月。

（5）轰击前靶材料用含 0.4 mol/L 山梨醇的培养基高渗培养 4 h，轰击后也于高渗培养基上培养一段时间（12 h 左右），再转至其他培养基上培养。

（6）常用轰击参数

组 织	可 裂 膜	轰击距离	真空度
洋葱表皮	1100 或 1300 psi	6 cm（第二格）	26~28 inch,Hg
水稻愈伤组织	1100 psi	6 cm（第二格）	26~28 inch,Hg

注：轰击时，样品置于培养皿中间大约 2.5cm 直径的范围内。

4. 观察

轰击后的洋葱表皮在含 0.4 mol/L 山梨醇的培养基上培养 24~48 h，观察 *GFP* 或 *GUS* 报告基因的瞬时表达情况。

五、实验记录与思考

1. 统计每次轰击后洋葱表皮上报告基因瞬时表达的阳性斑点数。
2. 简述基因枪法转基因的优缺点。

实验三十六　农杆菌叶盘法转化烟草

一、实验目的

1. 学习农杆菌法转化植物的基本原理。
2. 掌握叶盘法转基因烟草的技术流程。

二、实验原理

土壤中的农杆菌是一种革兰氏阴性菌,能够感染植物的受伤部位。农杆菌中有一种环形的Ti 质粒,Ti 质粒最重要的两个区域为 T-DNA 区和毒性区,T-DNA 是 Ti 质粒上唯一能够整合到植物染色体上的序列,而毒性区上一系列基因的产物则帮助 T-DNA 区整合到植物的染色体上。

1986 年,美国 Beachy 实验室首先用农杆菌叶盘法将烟草花叶病毒(TMV)外壳蛋白基因进行转化,成功获得了抗 TMV 病毒的转基因烟草植株。目前叶盘法(leaf disc)依然是土壤农杆菌转化植物的常用方法。这种转基因方法十分简单,一般是将植物的叶片切成小圆盘,经农杆菌感染后共培养 2～4 天,用含抗生素的液体共培养基充分洗涤,以除去过量的农杆菌,然后转移到加有抗生素选择压的分化培养基上。在这种培养基上,未经转化的细胞被抗生素杀死,转化细胞则在2～3周内长出愈伤组织和幼芽。幼芽长到一定大小就转移到 MS 生根培养基上生根,再长出完整的 T_0 代植株。最后,将小植株移入土壤中继续生长,开花、结实,得到转基因植株的 T_1 代种子。

三、实验准备

1. 材料

6 周左右的烟草无菌苗、pBI 121 质粒、农杆菌 C58C1。

2. 试剂

MS 培养基:配方见拟南芥实验部分。

YEB 培养液,LB 培养基:配方见拟南芥实验部分。

MS1 培养基:MS 培养基＋1 mg/L 6－BA＋0.1 mg/L NAA。

MS2 培养基:MS 培养基＋2.0 mg/L 6－BA＋0.5 mg/L NAA＋100 mg/L Kan＋400 mg/L Cb＋400 mg/L Cef。

MS3 培养基:MS1 培养基＋100 mg/L Kan＋300 mg/L Cb＋300 mg/L Cef。

MS4 培养基:MS1 培养基＋50 mg/L Kan＋200 mg/L Cb＋200 mg/L Cef。

MS5 培养基:$\frac{1}{2}$MS＋200 mg/L Cef。

3. 器具

打孔器(5～7 mm),光照培养箱,恒温摇床,超净工作台,接种器械等

四、实验方法

(一) 农杆菌的培养

取 C58C1 原菌液在 YEB 培养基中 28℃摇床培养 2～3 天后,在含 50 mg/L Kan, 40 mg/L

Rif 的 YEB 平板中筛选单菌落,并保存。

（二）DNA 直接导入农杆菌（方法见实验十三）

（三）农杆菌转化烟草及筛选

1. 受体材料的获得：取烟草种子在 70%酒精浸泡 30 s,经 10%NaClO 消毒 6 min 后,用无菌水漂洗数次,接种于 MS 培养基上,三周后形成健壮的无菌苗。

2. 叶盘法转化烟草

（1）取烟草叶片,在无菌条件下用打孔器将其打成 5 mm 直径的叶片圆盘,放入 MS1 培养基中预培养 48 h。

（2）农杆菌菌株在液体 YEB(含 50 mg/L Kan,40 mg/L Rif)中 28℃,180 rpm 振荡培养至 $OD_{600}=0.6\sim0.8$,取 2 ml 左右,用 MS 将其稀释至 100 ml。

（3）将叶圆片在稀释的农杆菌中浸泡 30 s 至 1 min。

（4）用无菌滤纸吸干,放入原培养基中共培养 48 h,至有微菌落产生。

（5）取叶圆片,用含一定浓度氨苄青霉素的无菌水漂洗 5 次左右,无菌滤纸吸干。

（6）置于诱导出芽的 MS2 固体选择培养基中。一周后始有芽出。

（7）20 天后转入 MS3 固体选择培养基中,培养两周后转入 MS4 固体选择培养基中培养。最后置于 1/2 MS 固体培养基中(含 200 mg/L Cef),生根培养。

（8）利用 pBI 121 质粒中的 GUS 报告基因,可在转化后叶圆盘出芽培养过程中,取部分芽组织进行 x-gluc 染色,检测 GUS 基因的表达。

图 36-1　叶圆盘法获得的转基因烟草及卡那霉素筛选
1. 诱导出芽培养；2. 生根培养；3. 移苗培养；4. T_1 代卡那霉素筛选培养

五、实验记录与思考

1. 在你的转化材料中,检测到 GUS 基因表达的蓝色斑点吗？如果没有,试分析一下可能的原因。

2. 比较叶圆盘法转化和基因枪法转化的异同。

注意事项：

1. 掌握叶圆盘在菌液中的浸泡时间。浸泡时间太短不利于农杆菌生长,转化效率低；浸泡时间太长使农杆菌生长过度,会造成对植物细胞的毒害,并且后继培养中的农杆菌污染也很难抑制。

2. 农杆菌菌液浓度一般控制在 $OD_{600}=0.05\sim0.7$ 之间。

实验操作部分参考文献

1. 赵寿元,乔守怡. 现代遗传学. 2版. 北京：高等教育出版社,2008.

2. 乔守怡. 遗传学分析实验教程. 北京：高等教育出版社,2008.

3. 刘祖洞,江绍慧. 遗传学实验. 2版. 北京：高等教育出版社,1987.

4. 杨大翔. 遗传学实验. 北京：科学出版社,2004.

5. J. 萨姆布鲁克等. 分子克隆实验指南. 第3版. 北京：科学出版社,2002.

6. W. 沙利文(Sullivan W),M. 阿什伯恩纳,R. S. 霍利. 果蝇实验指南. 北京：科学出版社,2004.

7. Detlef Weigel, Jane Glazebrook. 拟南芥实验手册(英文影印版). 北京：化工出版社,2004.

8. Zoe A. WilSon. Arabidopsis, A Practical Approach. New York：Oxford University Press,2000.

9. A. 亚当斯,D. E. 戈特施林,C. A. 凯泽,T. 斯特恩斯. 酵母遗传学方法实验指南. 北京：科学出版社,2000.

下篇　工具和资源部分

工 具 部 分

卡平方(χ^2)测验

一、卡平方(χ^2)的概念和计算

英国的卡尔·皮尔逊(Karl Pearson,1857—1936)在 1899 年提出卡平方(χ^2)这个概念用以度量观察次数和理论次数的相差程度。在属性统计中它是表示实际值与理论值差异相对大小的统计数。根据卡平方值的大小来检验差异显著性的方法,称为卡平方测验。其公式为:

$$\chi^2 = \sum_i \frac{(O-E)^2}{E}$$

上式中 O 为观察数,E 为理论数,$i=1,2,\cdots,k$,k 为计数资料的分组数,自由度为 ν。

为了便于理解,我们结合一个实例说明 χ^2 统计量的意义。已知某转基因植物 T_1 代幼苗中 Kan(卡那霉素)抗性与敏感之比为 3∶1,今在 Kan 培养基中观测 100 株幼苗,其中有79 棵存活,21 棵死亡。按 3∶1 计算,抗性与敏感应分别为 75 和 25 株。以 O 表示实际观察次数,E 表示理论次数,可将上述情况列成表 1。

表 1　转基因植物 T_1 代 Kan 抗性与敏感植株的预测数与理论数比较

	观测株数 O	理论株数 E	$O-E$	$(O-E)^2/E$
有抗性	79(O_1)	75(E_1)	4	0.213
无抗性	21(O_2)	25(E_2)	−4	0.64
合　计	100	100	0	0.853

从表 1 看到,实际观察次数与理论次数存在一定的差异。这个差异是属于抽样误差呢,还是不符合 3∶1 分离应该用其他遗传规律来分析呢?要回答这个问题,首先需要确定一个统计量用以表示实际观察次数与理论次数的偏离程度,然后判断这一偏离程度是否属于抽样误差,即进行适合度测验。

为了度量实际观察次数与理论次数的偏离程度,最简单的办法是求出实际观察次数与理论次数的差数。从表 1 看出:$O_1-E_1=4$,$O_2-E_2=-4$,由于这两个差数之和为 0,显然不能用这两个差数之和来表示实际观察次数与理论次数的偏离程度。为了避免正、负抵消,可将两个差数 O_1-E_1、O_2-E_2 平方后再相加,即计算 $\sum(O-E)^2$,其值越大,实际观察次数与理论次数相差亦越大,反之则越小。但利用 $\sum(O-E)^2$ 表示实际观察次数与理

论次数的偏离程度尚有不足。例如某一组实际观察次数为 505,理论次数为 500,相差 5;而另一组实际观察次数为 26,理论次数为 21,相差亦为 5。显然这两组实际观察次数与理论次数的偏离程度是不同的。因为前者是相对于理论次数 500 相差 5,后者是相对于理论次数 21 相差 5。为了弥补这一不足先将各差数平方除以相应的理论次数后再相加,并记之为 χ^2:

$$\chi^2 = \sum \frac{(O-E)^2}{E} = \frac{(-4)^2}{25} + \frac{4^2}{75} = 0.853$$

χ^2 是度量实际观察次数与理论次数偏离程度的一个统计量。χ^2 越小,表明实际观察次数与理论次数越接近;χ^2 越大,表示两者相差越大。

二、适合度测验

判断实际观察的属性类别分配和理论预期的属性类别分配之间的符合程度,称为适合度测验。在适合度测验中,无效假设 H_0:实际观察符合已知的理论预期;备择假设 H_A:实际观察不符合已知的理论预期。适合性测验的自由度等于属性类别分类数减 1。若属性类别分类数为 k,则适合性测验的自由度 $n = k - 1$。

进行适合度测验时,先计算出 χ^2 值,再将计算所得的 χ^2 值与根据自由度查表(见表 2)所得的临界 χ^2 值 $\chi^2_{0.05}$ 和 $\chi^2_{0.01}$ 相比较,若 $\chi^2 < \chi^2_{0.05}$,则 $P > 0.05$,表明实际观察次数与理论次数差异不显著,可以认为实际观察的属性类别分配符合已知的属性类别分配;若 $\chi^2_{0.05} \leqslant \chi^2 < \chi^2_{0.01}$,则 $0.01 < P \leqslant 0.05$,表明实际观察次数与理论次数差异显著,可以认为实际观察的属性类别分配不符合已知的属性类别分配;若 $\chi^2 \geqslant \chi^2_{0.01}$,则 $P \leqslant 0.01$,表明实际观察次数与理论次数差异极显著,可以认为实际观察的属性类别分配极显著地不符合已知的属性类别分配。

上面转基因植物 Kan 抗性分离这个例子中,计算出 χ^2 为 0.853,自由度 $n = k - 1 = 2 - 1 = 1$,查 χ^2 值表,$\chi^2_{0.05} = 3.84$。因为($\chi^2 = 0.853$)<($\chi^2_{0.05} = 3.84$),所以 $P > 0.05$,表明实际观察次数与理论次数差异不显著,符合 3:1 的分离规律。

表 2　卡方值表

自由度	概　率　值　P									
	0.990	0.975	0.950	0.900	0.750	0.250	0.100	0.050	0.025	0.010
1	—	—	—	0.02	0.10	1.32	2.17	3.84	5.02	6.63
2	0.02	0.05	0.10	0.21	0.58	2.77	4.61	5.99	7.38	9.21
3	0.11	0.22	0.35	0.58	1.21	4.11	6.25	7.81	9.35	11.34
4	0.30	0.48	0.71	1.06	1.92	5.39	7.78	9.49	11.14	13.28
5	0.55	0.83	1.15	1.61	2.67	6.63	9.24	11.07	12.83	15.09
6	0.87	1.24	1.64	2.20	3.45	7.84	10.64	12.59	14.45	16.81
7	1.24	1.69	2.17	2.83	4.25	9.04	12.02	14.07	16.01	18.48
8	1.65	2.18	2.73	3.49	5.07	10.22	13.36	15.51	17.53	20.09
9	2.09	2.70	3.33	4.17	5.90	11.39	14.68	16.92	19.02	21.69
10	2.56	3.25	3.94	4.87	6.74	12.55	15.99	18.31	20.48	23.21
11	3.05	3.82	4.57	5.58	7.58	13.70	17.28	19.68	21.92	24.72
12	3.57	4.40	5.23	6.30	8.44	14.85	18.55	21.03	23.34	26.22
13	4.11	5.01	5.89	7.04	9.30	15.98	19.81	22.36	24.74	27.68
14	4.66	5.63	6.57	7.79	10.17	17.12	21.06	23.68	26.12	29.14
15	5.23	6.27	7.26	8.55	11.04	18.25	22.31	25.00	27.49	30.58
16	5.81	6.91	7.96	9.31	11.91	19.37	23.54	26.30	28.85	32.00
17	6.41	7.56	8.67	10.09	12.79	20.49	24.77	27.59	30.19	33.41
18	7.01	8.23	9.39	10.86	13.68	21.06	25.99	28.87	31.53	34.81
19	7.63	8.91	10.12	11.65	14.56	22.72	27.20	30.14	32.85	36.19
20	8.26	9.59	10.85	12.44	15.45	23.83	28.41	31.41	34.17	37.57
21	8.90	10.28	11.59	13.24	16.34	24.93	29.62	32.67	35.48	38.93
22	9.54	10.98	12.34	14.14	17.24	26.04	30.81	33.92	36.78	40.29
23	10.20	11.69	13.09	14.85	18.14	27.14	32.01	35.17	38.08	41.64
24	10.88	12.40	13.85	15.66	19.04	28.24	33.20	36.42	39.36	42.98
25	11.52	13.12	14.61	16.47	19.94	29.34	34.38	37.65	40.65	44.31
26	12.20	13.84	15.38	17.29	20.84	30.43	35.56	38.89	41.92	45.64
27	12.88	14.57	16.15	18.11	21.75	31.53	36.74	40.11	43.19	46.96
28	13.56	15.31	16.93	18.94	22.66	32.62	37.92	41.34	44.46	48.28
29	14.26	16.05	17.17	19.77	23.57	33.71	39.09	42.56	45.72	49.59
30	14.95	16.79	18.49	20.60	24.48	34.80	40.26	43.77	46.98	50.89
50	29.71	32.36	34.76	37.69	42.94	56.33	63.17	67.50	71.42	76.15

第二节　遗传系谱分析

系谱（pedigree）是指对遗传病患者家族各成员的发病情况进行详细调查，再以特定的符号和格式绘制出反映家族各成员相互关系和发病情况的图解，是一个家族中某种疾病发病情况或某种性状的直观表现。系谱图的绘制方法常从该家系中首次确诊的患者（先证者）开始，调查其直系亲属和旁系亲属各世代成员的人数、性别、亲属关系及发病情况等等，按规定标准绘制成图。

系谱分析是根据系谱图进行遗传分析，以确定该家系是否患有遗传病及其可能的遗传方式。系谱分析的基本程序是：先对某遗传病患者各家族成员的发病情况进行详细调查，再按一定方式将调查结果绘成系谱，然后根据遗传定律对各成员的表现型和基因型进行分析。绘制的系谱人数越多，情况越详细，越有利于分析研究。有时候，需要把同一种病的若干家系综合起来分析，才能得到较准确、可靠的结论。通过系谱分析可以判断某种遗传病是单基因病还是多基因病，以及单基因病的遗传方式，包括显性遗传还是隐性遗传，核遗传还是细胞质遗传，环境的影响有多大等等。另外，系谱分析也是遗传风险分析、连锁分析和产前诊断中必不可少的工具。

绘制系谱图时采用统一的符号以表示家系中各个成员情况和相互之间的关系（图1）。

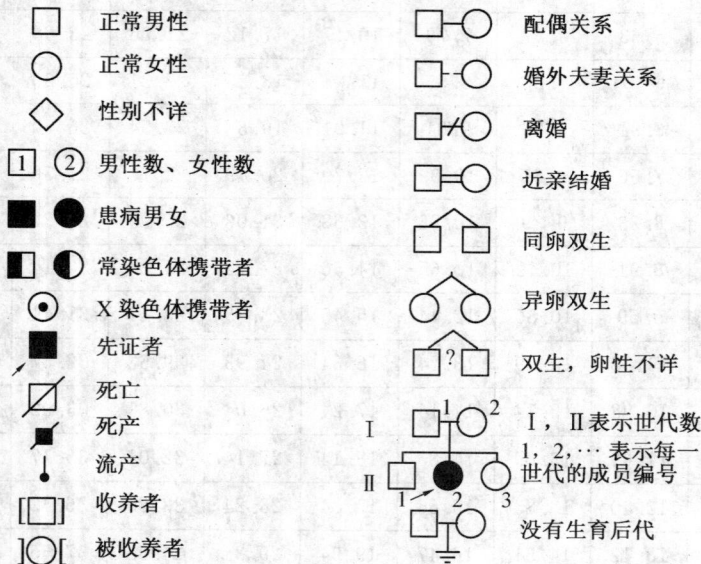

图1　系谱分析中的符号

现结合实例来学习系谱分析技术。图2是一个佝偻病患者的系谱图，从图中看出，男女都可发病，与性别无关，所以本病是由某对常染色体上的基因决定的。进一步分析表明，显性遗传和隐性遗传都有可能，但是隐性遗传的可能极其低，在临床上几乎为零。因此，本例子应是常染色体显性遗传。临床上常见的情况都是杂合子患者（Aa）和正常人（aa）之间的婚配，其后代中佝偻病患者与正常人的比例应为1：1，也就是说，后代将有约1/2子女发病；当两个佝偻病杂合子患者婚配时，其后代约3/4的子女将发病。

图 2 中每个患者基因型都是杂合子(Aa),他(她)们的致病基因 A 一定来自双亲中的一方,所以双亲中的一方也是 Aa,当然也是患者,这样就出现三代连续传递的现象。该家系共 20 人,佝偻病患者 9 人(男 4 女 5),发病比例接近 1/2。

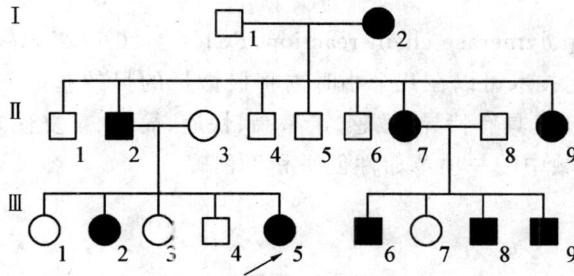

图 2 一例维生素 D 抗性佝偻病系谱

第三节　PCR 实验技术

聚合酶链式反应(polymerase chain reaction,PCR)是 20 世纪 80 年代中期发展起来的核酸体外扩增技术。此技术可以在几个小时内将极微量的目的基因 DNA 特异性地成百万倍地扩增放大。PCR 技术具有特异、敏感、产率高、快速、简便、重复性好、易自动化等突出优点,是生物学和医学领域中的一项革命性创举和里程碑。

一、发展历史

20 世纪 60 年代末 70 年代初,人们致力于研究基因的体外分离技术。Korana 于 1971 年最早提出核酸体外扩增的设想,该设想在 1985 年被 Müllis 等人实现,他们发明了具有划时代意义的聚合酶链式反应。其原理类似于 DNA 的体内复制,只是在试管中给 DNA 的体外合成提供合适的条件:模板 DNA,寡核苷酸引物,DNA 聚合酶,合适的缓冲体系,DNA 变性、复性及延伸的温度与时间等。但 Müllis 最初使用的 DNA 聚合酶是 Klenow 酶,它不耐高温,90℃时会变性失活,每次循环都要重新添加,同时其体外扩增的保真性较差,使得 PCR 技术在一段时间内没能引起生物医学界的足够重视。直到 1988 年,Saiki 等人从嗜热杆菌(*Thermus aquaticus*)中提取到一种耐热 DNA 聚合酶(Taq DNA 多聚酶),才使得 PCR 技术得以广泛应用。1993 年,Müllis 因其作出的突出贡献荣获诺贝尔化学奖。

二、基本原理

PCR 技术的基本原理是双链 DNA 可以热变性解链成两条单链,这两条单链均可作为 DNA 合成的模板;寡核苷酸引物通过严格的碱基配对原则找到单链模板上与之互补的结合位点并与之结合;然后,在 DNA 聚合酶的作用下,在单链 DNA 模板上使引物延伸从而合成与模板互补的目的基因片段。

该原理主要包括 3 个基本反应过程:变性—退火—延伸。变性主要是指双链 DNA 的变性,即双链 DNA 经加热至 93℃左右,其热稳定性降低,配对碱基之间的氢键断裂,使双链 DNA 成为单链,以便与引物结合。退火是指单链 DNA 在温度降低时与引物的复性结合。在此过程中,引物与单链 DNA 模板按照碱基互补的方式配对。延伸是指引物与 DNA 模板按碱基互补的原则配对后,在 Taq DNA 聚合酶的作用下,以 dNTP 为反应原料,进行体外的半保留复制,合成一条新的与模板 DNA 链互补的新链。循环进行变性—退火—延伸这三个过程,就可获得更多的"半保留复制链",而且这种新链又可成为下次循环的模板。每完成一次循环需 2～4 min,2～3 h 就能将目的基因扩增、放大几百万倍。

三、基本技术要点

1. 引物设计及其浓度

引物是 PCR 特异性反应的关键,PCR 产物的特异性取决于引物与模板 DNA 互补的程度。理论上只要知道任何一段模板 DNA 序列,就能按其设计互补的寡核苷酸链做引物,利用 PCR 就可将目的 DNA 在体外大量扩增。

引物设计有 3 条基本原则:首先引物与模板的序列要紧密互补,其次引物与引物之间要避免形成稳定的二聚体或发夹结构,最后引物不能在模板的非目的位点引发 DNA 聚合反应(即错配)。

具体实现这 3 条基本原则需要考虑到诸多因素,如引物长度,产物长度,序列 T_m 值,引物与模板形成双链的内部稳定性,形成引物二聚体及发夹结构的能值,在错配位点的引发效率,引物及产物的 GC 含量等等。

根据 3 条基本原则,引物设计应注意如下要点:

(1) 引物长度:常在 15~30 bp 左右,但不应大于 38,因为过长会导致其延伸温度大于 74℃,不适于 Taq DNA 聚合酶进行反应。

(2) 引物扩增跨度:以 200~500 bp 为宜,特定条件下可扩增长至 10 kb 的片段。

(3) 引物的特异性:引物序列在模板内应当没有相似性较高,尤其是 3′端相似性较高的序列,否则容易导致错配。引物 3′端出现 3 个以上的连续碱基,如 GGG 或 CCC,也会使错误引发几率增加。

(4) 引物的碱基排列:避免引物内部出现二级结构;避免两条引物间互补,特别是 3′端的互补,否则会形成引物二聚体。引物内发夹结构和引物二聚体的形成都会降低引物的有效浓度。

(5) GC 含量:引物序列的 GC 含量一般为 40%~60%,过高或过低都不利于引发反应。GC 含量太低扩增效果不佳,GC 含量过高易出现非特异条带。上下游引物的 GC 含量不能相差太大。

(6) T_m 值:引物所对应模板位置序列的 T_m 值在 72℃ 左右可使复性条件最佳。T_m 值的计算有多种方法,如按公式 $T_m=4(G+C)+2(A+T)$ 来计算,可以通过调整引物位置和长度来调整 T_m 值。T_m 值过高使扩增难以进行,过低则容易出现非特异性条带。

(7) 末位碱基:引物 3′端的末位碱基对 Taq 酶的 DNA 合成效率有较大的影响。末位碱基为 A 的错配效率明显高于其他 3 个碱基,因此应当避免在引物的 3′端使用碱基 A。

引物的浓度在 PCR 扩增中要适当,每条引物的浓度为 0.1~1 μmol 或 10~100 pmol。引物浓度偏高会引起错配和非特异性扩增,可增加引物之间形成二聚体的机会;引物浓度过低则扩增产物太少。

另外,现在 PCR 引物设计大都通过计算机软件进行,如"Primer Premier"和"Oligo6"等都是很好的引物设计软件。

2. PCR 反应体系

通常进行 PCR 扩增采用的体积为 20 μl、30 μl、50 μl 或 100 μl,应用多大体积进行 PCR 扩增,根据不同目的而设定。标准的 PCR 反应体系见表 3。

表 3　PCR 反应体系的组成

模板 DNA	$0.1\sim2$ μg
10×扩增缓冲液	10 μl
Mg^{2+}	1.5 mmol/L
4 种 dNTP 混合物	各 200 μmol/L
2 种引物	各 $10\sim100$ pmol
Taq DNA 聚合酶	2.5 U
加双蒸水至	100 μl

PCR 的反应体系包括有缓冲液、模板、Mg^{2+}、dNTP、引物、Taq 酶和 ddH_2O,它们都关系到 PCR 反应能否顺利进行。

（1）模板质量和浓度

模板即 DNA 片段,其量的多少及其纯度的高低,是 PCR 成败的关键环节之一。模板的质量包括了纯度和完整性两个方面。模板中如果含有蛋白、多糖、酚类等杂质会抑制 PCR 反应。如果模板保存不当,发生了降解,会导致扩增无产物。

在 PCR 反应体系中,PCR 扩增对模板 DNA 浓度要求不是十分高,在一定范围内对结果不会发生很大影响。但是,模板浓度超出这个范围,会出现明显的优势扩增现象,或者出现很多杂带。模板 DNA 的量不能太高,过量会导致非特异性扩增增加。

（2）Mg^{2+} 浓度

在 PCR 反应中,Mg^{2+} 浓度以 $1.5\sim2.0$ mmol/L 为宜。浓度过高,反应特异性降低,出现非特异扩增;浓度过低,会降低 Taq DNA 聚合酶的活性,使反应产物减少。

（3）dNTP

dNTP 在温度较高时容易失活,因此需要 -20℃下冰冻保存,以保证 dNTP 的质量。在 PCR 反应中,dNTP 浓度应为 $50\sim200$ μmol/L,尤其要注意的是,4 种 dNTP 的体积浓度要相等,否则就会引起错配。

（4）酶及其浓度

催化典型的 PCR 反应约需 Taq DNA 聚合酶的酶量为 2.5U(总反应体系为 100 μL)。浓度过高可引起非特异性扩增,浓度过低则合成产物量减少。

（5）缓冲液

缓冲液一般随 Taq DNA 聚合酶供应。标准缓冲液含：50 mmol/L KCl,10 mmol/L Tris-HCl。缓冲液是用来调整反应体系的 pH 值和盐离子浓度的,起稳定剂和增强剂的作用。

（6）ddH_2O

反应体系中用的是灭菌双蒸水,要保持适当的 pH 值,避免污染。

3. 反应程序

常规的 PCR 反应程序为：先预变性,$93\sim96$℃预加热几十秒至几分钟,使模板 DNA 充分变性,然后进入扩增循环。每一个循环包括了变性,退火,延伸三步：(1)变性：先于 94℃保持 30 s 使模板变性;(2)退火：将温度降到复性温度(一般 $50\sim60$℃之间,根据引物设计

的 T_m 值而定),一般保持 30 s,使引物与模板充分退火,引物结合到模板上;(3) 延伸:在 72℃ 保持 1 min(扩增 1 kb 片段),使引物在模板上延伸,合成 DNA,完成一个循环。重复这样的循环 25~35 次,使扩增的 DNA 片段大量累积。最后,在 72℃ 保持 7~10 min,使产物延伸完整,4℃ 保存。表 4 是常规 PCR 反应程序设定的实例:扩增长度为 1 kb,T_m 值为 60℃。

表 4 一个常规的 PCR 反应程序

循环数	步　骤	温　度	时　间
1	预变性	94℃	3 min
28	变　性	94℃	30 s
	退　火	60℃	30 s
	延　伸	72℃	1 min
1	最后延伸	72℃	10 min
1	保　温	4℃	10 min 以上

四、PCR 技术的发展

PCR 技术自建立以来,在短短几年里得到了迅速的发展,并且在此基础上根据不同的目的和需要,设计出了一些新颖独特的 PCR 新方法。现介绍如下:

1. 反转录 PCR

反转录 PCR (reversed transcript PCR,RT-PCR),是一种将 cDNA 合成与 PCR 技术结合分析基因表达的快速灵敏方法,其原理是先用寡聚胸苷作为引物在逆转录酶作用下,反转录所有 mRNA 成 cDNA,再加入扩增 cDNA 片段的两端引物,用 PCR 技术扩增该段 cDNA片段。该技术主要用于对基因表达信息的检测或定量分析,还可用于鉴定已转录序列是否发生突变及呈现多态性等等。

2. 实时荧光定量 PCR

实时荧光定量 PCR 技术(real time fluorescent quantitative PCR)是在 PCR 技术基础上发展起来的一种高度灵敏的核酸定量技术,主要利用加入 PCR 反应体系中的荧光基团或荧光染料来对扩增产物进行连续检测,最后通过标准曲线对未知模板浓度进行定量分析。

实时荧光定量 PCR 技术分为两大类,第一类为荧光标记探针,如 TaqMan 探针、分子信标等;第二类为双链 DNA 特异的荧光染料,常用的有 SYBR Green 和 LC Green™。其中,TaqMan™ 技术主要是在一条寡核苷酸探针的两端分别标记上荧光发射基团(R)和淬灭基团(Q)。当 PCR 扩增时,由于 Taq 酶的 $5'-3'$ 外切酶活性,使探针上的荧光发射基团和荧光淬灭基团分离,荧光监测系统可接收到该荧光基团的荧光信号,即每扩增一条 DNA 链,就可以测得一个荧光信号,因此,荧光信号的强弱与 PCR 产物的累积成正相关,从而可以进行定量分析。而 SYBR Green I 是一种非饱和菁类荧光素,可以嵌合于 DNA 双链结构的小沟中,其处于游离状态时,检测不到荧光信号;当结合双链 DNA 后荧光强度明显增强,即被荧光探测系统检测到。荧光强度的增加与初始模板量成正相关,因此可进行定量 DNA 分析。

与常规 PCR 相比,实时荧光定量 PCR 具有特异性更强、有效解决 PCR 污染问题、自动化程度高等特点。目前,该技术已经应用于临床微生物、基因表达、肿瘤免疫、微小残留病变的检测、DNA 拷贝数的测量、基因组变异和多态性等许多方面。

3. 重叠 PCR

重叠延伸 PCR 技术(gene splicing by overlap extension PCR,简称 SOE PCR)由于采用具有互补末端的引物,使 PCR 产物形成了重叠链,从而在随后的扩增反应中通过重叠链的延伸,将不同来源的扩增片段重叠拼接起来。此技术利用 PCR 技术能够在体外进行有效的基因重组,而且不需要内切酶消化和连接酶处理,可利用这一技术很快获得其他依靠限制性内切酶消化的方法难以得到的产物。重叠延伸 PCR 技术成功的关键是重叠互补引物的设计。重叠延伸 PCR 在基因的定点突变、融合基因的构建、长片段基因的合成、基因敲除以及目的基因的扩增等方面有其广泛而独特的应用价值。

4. Tail-PCR

Tail-PCR 又称热不对称交错 PCR(Thermal Asymmetric Interlace PCR),是一种用来分离与已知序列邻近的未知 DNA 序列的分子生物学技术。1995 年,Liu 等首创并发展了热不对称交错 PCR。

Tail-PCR 技术的基本原理是利用目标序列旁的已知序列设计 3 个嵌套的特异性引物(special primer,简称 sp1,sp2,sp3,约 20 bp),用它们分别和 1 个具有低 T_m 值的短的(14 bp)随机简并引物(arbitrary degenerate primer,简称 AD)相组合,以基因组 DNA 作为模板,根据引物的长短和特异性的差异设计不对称的温度循环,用特殊的热循环程序使 PCR 反应有利于特异性产物的扩增,而抑制由随机引物产生的非特异性产物,最终通过分级反应来扩增特异引物。

5. ACP-PCR

ACP-PCR 是一种全新的扩增未知目标序列的快速 PCR 方法。关键技术在于 Seegene 公司开发的 ACP(annealing control primer)引物。ACP 引物包含 3 部分,从 3′到 5′依次为核心序列、调控序列和通用序列。核心序列一般为一些物种基因组上最易出现的序列组合,一般为 4 个碱基长度;调控序列为 5 个腺嘌呤核苷酸或次黄嘌呤核苷酸的重复序列;通用序列则一般较长。ACP 引物在开始的 PCR 循环时,先用核心序列上的几个碱基与模板低温退火结合,得到随机扩增的第一轮产物,在之后的循环中,则通过较长的通用序列提高退火温度,而调控序列的作用则是在核心序列结合时,成一个环,使不能匹配的通用序列翘出在外面,不会形成错配。

ACP-PCR 能应用于分离与已知 DNA 序列相邻的未知序列。比如 DW–ACP-PCR(DNA walking-annealing control primer)是 Seegene 公司开发的一种新技术,它通过其特有的 ACP 引物与已知序列的 3 个嵌套引物进行 3 轮 PCR 反应,可以快速获得已知序列下游或者上游的未知序列,是 Tail-PCR 的改进。

6. 甲基化敏感 PCR

哺乳类动物基因组中 5%~10% 是 CpG(二核苷酸),其中 70%~80% 呈甲基化状态,称为甲基化的 CpG(mCpG)。1996 年,Herman 等首创了检测甲基化的方法——甲基化 PCR(MSP-PCR)。该方法利用了 PCR 灵敏、快速、简便的特点,已经成为当前检测 DNA 甲基化的最常用方法之一。

MSP-PCR 的原理是:DNA 经亚硫酸氢盐硫化处理后,DNA 双链中的"C"转化为

"U",通过随后的 PCR,将"U"转化为"T",但亚硫酸氢盐不能使已发生了甲基化的 DNA 的"C"发生上述转化。因此,根据经亚硫酸氢盐处理的 DNA 模板设计引物时,先输入感兴趣的 DNA 序列,程序将会显示 2 种序列:一种是输入的源 DNA 序列;另一种是硫化处理后的 DNA 序列,除了 CpG 岛上的 5 甲基胞嘧啶(5^mC)之外,所有非甲基化的"C"都转换成了"T"。

对于 MSP-PCR 需要设计 2 对引物,一对针对于经亚硫酸氢盐处理的甲基化 DNA;另一对针对于经亚硫酸氢盐处理的非甲基化 DNA。根据甲基化的 DNA 为模板的 PCR 扩增甲基化的 DNA;根据非甲基化的 DNA 为模板的 PCR 扩增非甲基化的 DNA。

五、主要参考文献

1. Andrade TP,Srisuvan T,Tang KF and Lightner DV. Real-time reverse transcription polymerase chain reaction assay using TaqMan probe for detection and quantification of infectious myonecrosis virus (IMNV). *Aquaculture*, 2007,264: 9—15.

2. Chhibber A and Schroeder BG. Single-molecule polymerase chain reaction reduces bias: Application to DNA methylation analysis by bisulfite sequencing. *Anal Biochem*, 2008,377: 46—54.

3. Freeman WM,Walker SJ and Vrana KE. Quantitative RT-PCR: pitfalls and potential. *Biotechniques*, 1999,26: 112—122.

4. Kim TW,Kim HJ and Kim JR. Identification of replicative senescence-associated genes in human umbilical vein endothelial cells by an annealing control primer system. *Exp Gerontol*, 2008,43: 286—295.

5. Kubista M,Andrade JM and Zoric N. The real-time polymerase chain reaction. *Molecular Aspects of Medicine*, 2006,27: 95—125.

6. Lee KA,Yoon SJ and Kim NH. Analysis of Metaphase Ⅱ (M Ⅱ) oocyte selective genes identified by annealing control primer (ACP) technology. *Fertil Steril*, 2004,82: 111—112.

7. Liu YG and Whittier RF. Thermal asymmetric interlaced PCR: automatable amplification and sequencing of insert end fragments from P1 and YAC clones for chromosome walking. *Genomics*, 1995,25: 674—681.

8. Marmiroli N and Maestri E. Polymerase chain reaction (PCR). In: Picò Y ed. *Food Toxicants Analysis: Techniques,Strategies and Development*. Amsterdam: Elsevier Science, 2007. 147—187.

9. Michael WP. A new mathematical model for relative quantification in real-time RT-PCR. *Nucleic Acids Research*. 2001,29: 2002—2007.

10. Morrison T,Weis JJ and Wittwer CT. Quantification of lowcopy transcripts by continuous SYBR Green I monitoring during amplification. *Biotechniques*, 1998,24: 954—962.

11. Mullis KB. Amplification techniques and specific applications of the polymerase chain reaction method. *Clinical Biochemistry*, 1990,23: 307—380.

12. Mullis KB and Faloona F. Specific synthesis of DNA in vitro via a polymerase-cat-

alysed chain reaction. *Methods in Enzymol*, 1998,155: 335—350.

13. Nagy ZB, Varga-Orvos Z, Szak B. Assembling and cloning genes for fusion proteins using reverse transcription one-step overlap extension PCR method. *Anal Biochem*, 2006,351: 311—313.

14. Templeton NS. The polymerase chain reaction—history, methods and applications. *Diagnostic Molecular Pathology*, 1992,1: 58—72.

第四节　重组克隆技术

在基因克隆和操作实验中,一般采用传统的酶切连接实验体系。但是,在涉及多基因同时操作的情况下,如文库的构建、基因家族或生化途径中多个成员的研究等等,基因片段大小的不同,序列的差异,酶切位点的限制等因素往往使基于酶切连接的克隆技术无法胜任。另外,在对基因和其编码区进行功能分析时通常涉及蛋白纯化、细胞定位以及蛋白互作等工作,就需要把目的基因亚克隆到各种相应的功能载体中,而传统的酶切连接方法对不同的功能载体需要进行重新克隆和亚克隆,不仅费时费力而且还无法保证序列的保真性和阅读框的一致性,往往导致该步骤成为实验成功的障碍和实验效率的瓶颈。

重组克隆技术能克服酶切连接体系的上述缺陷,近十多年来蓬勃发展。目前,以位点特异性重组为基础的克隆技术,如 Cre/loxp 克隆体系(又称 Univector cloning)等日益成熟,它们以方便快速、高效保真、灵活多变等优点在大规模 ORF 克隆和基因功能研究中得到了广泛应用。本节介绍一种以 λ 噬菌体位点特异性重组为基础的体外 DNA 克隆技术:Gateway。有别于 Cre/loxP 克隆体系,Gateway 体系的识别序列中不含有复杂的 DNA 二级结构,从而减少了对蛋白质表达和测序的影响。

一、基本原理

1. 技术基础

Gateway 克隆技术基于已知的大肠杆菌 λ 噬菌体的位点特异性重组系统。λ 噬菌体 DNA 在不同生活型之间的转换包括两种过程:溶原状态和裂解周期。这两种状态之间的转换就涉及位点特异性重组。为了进入溶原状态,游离的 λDNA 必须整合到宿主 DNA;而从溶原状态解离出来并进入裂解周期,原噬菌体 DNA 必须从宿主染色体上切除下来。整合和切除过程就是在细菌和噬菌体 DNA 上被称为附着位点(attachment sites)的特殊位置上通过重组作用发生的。在细菌遗传学中,细菌染色体上的这一附着位点称为 attλ。为了描述整合/切除反应,细菌的附着位点(attλ)称为 attB,由序列 BOB′ 组成;噬菌体的附着位点称为 attP,由序列 POP′ 组成。attB 和 attP 都有序列 O,并称为核心序列,重组过程就发生在此核心序列。侧翼区 B,B′ 和 P,P′ 称为臂(arms),臂的序列各不相同。由于噬菌体 DNA 是环状的,重组过程使它以线形式插入细菌染色体中。此时,噬菌体被重组产生的两个新 att 位点所固定,重组产生的新位点称为 attL 和 attR(图 3)。

attB×attP 反应(BP 反应/整合反应)需要噬菌体基因 int 的产物和一种称为整合宿主因子(integration host factor,简称 IHF)的蛋白质。attL×attR 反应(LR 反应/切除反应)除了需要 Int 和 IHF 以外,还需要噬菌体 xis 基因产物。Int 和 IHF 是两种反应中都需要的,而 Xis 在方向控制中起了重要作用,它只在切除反应中是必需的,并会抑制整合反应。

天然的 attB,attP,attL,attR 分别含有 25,243,100 和 168 个碱基。为了更加适合克隆体系,某些位点被做了突变处理,其中移除了 attR 识别序列中的部分(43 bp)序列,使得 attL×attR 反应不可逆且更加高效;去掉了 att 识别序列核心区的终止密码子从而增加了重组反应的特异性;另外为了减少 attB 质粒形成单链过程中形成二级结构的情况,对 15 bp 核心区域旁边的 5 bp 序列也作了突变处理。

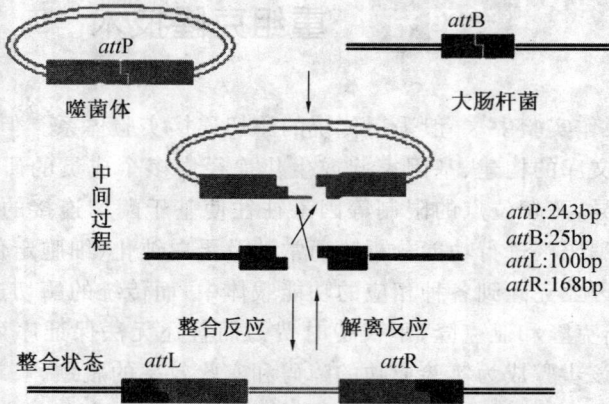

图 3　λ 噬菌体整合到大肠杆菌染色体的过程

2. LR 反应

LR 反应是 Gateway 技术的一个核心，是 BP 反应的逆反应，在 Gateway 技术体系中它特指含 attL 的入门克隆和含 attR 的靶向载体之间的重组反应，产生分别含有 attB 和 attP 的表达克隆和副产物。反应通过两对相似却互不兼容的识别位点 attL1/attR 1 和 attL2/attR2 来保证目的片段的插入方向。介导 LR 反应的 LR 酶混合物（LR Clonase™ Ⅱ）由 Int、IHF 和 Xis 组成。Gateway 技术主要利用 LR 反应把构建在入门载体中的目的片段转移到各种靶向载体中产生各种表达载体（图 4）。

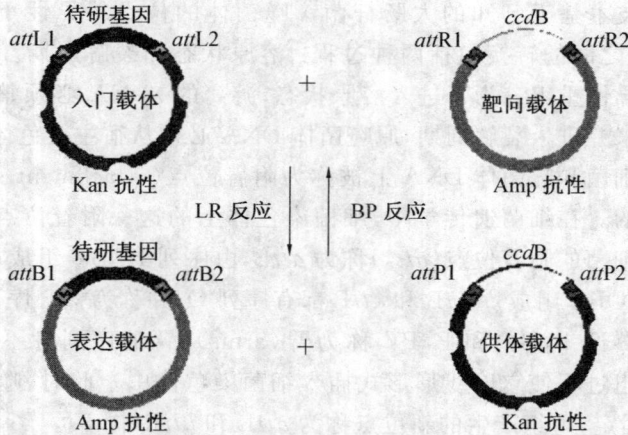

图 4　Gateway 重组克隆中的 LR 反应和 BP 反应

3. BP 反应

BP 反应也是 Gateway 技术核心之一，是 LR 反应的逆反应，在 Gateway 技术体系中它特指含有 attB 的 PCR 产物或表达载体和含 attP 的供体载体之间发生的重组反应，产生分别含 attL 和 attR 特异识别位点的入门克隆和副产物。介导 BP 反应的 BP 克隆酶混合物（BP Clonase™ Ⅱ）由 Int 和 IHF 组成。

Gateway 技术主要利用 BP 反应把表达克隆（expression clone）中或 PCR 扩增获得的目的片段重组进入到供体载体（donor vector）中构建入门克隆。反应通过两对相似却互不兼容的识别位点 attB1/attP1 和 attB2/attP2 来保证目的片段的重组插入的方向。如果目的片段将由 PCR 扩增方式获得,则需要在引物 5′端加入 *att*B 识别位点(25 个碱基+4 个 G)。如果目的片段是在表达载体中,则可以直接用于 BP 反应构建入门克隆(图 4)。

4. CcdB 抗性筛选

CcdB 抗性筛选也是 Gateway 技术的重要部分。CcdB 和 CcdA 由大肠杆菌 F 质粒编码,它们共同组成毒−解毒双基因体系用来保证 F 质粒在大肠杆菌细胞中的稳定存在。CcdB 作用于大肠杆菌 DNA 促旋酶亚基 A(GyrA)组成 CcdB-GyrA 复合物,阻断 DNA 聚合酶,使 DNA 促旋酶失活,导致双链 DNA 破碎,从而抑制大部分普通 *E. coli* 菌株的生长(如 DH5α,TOP10 等)。而当存在 CcdA 时,CcdA 能与 CcdB 结合组成 CcdA-CcdB 复合物释放出原先被 CcdB 结合的 GyrA,从而解除由 CcdB 介导的细胞毒性和 DNA 促旋酶失活途径。但是由于 CcdA 非常不稳定,所以在缺失 F 质粒的后代细胞中只存在 CcdB,无法存活。

当发生重组反应(比如靶向载体和入门克隆之间或供体载体和含 *att*B 位点的 PCR 产物之间)后的产物转化普通大肠杆菌感受态时,转入了含 *ccd*B 基因的部分没反应完全的载体或含 *ccd*B 基因的副产物的细胞不会产生克隆,从而有效地去除了背景,大大提高了正确率。Hartley 等把含有氯霉素转移酶基因(CAT)的入门克隆和空的入门克隆分别和 12 种不同的靶向载体反应构建表达载体,阴性比阳性结果在 1/1500~1/200 之间,可见 *ccd*B 筛选非常有效。所有含有 *ccd*B 基因的重组克隆载体都必须在特定的菌株中传代,如一种 DNA 促旋酶突变的 *E. coli* 菌株 DB3.1。

二、入门载体的构建

1. 入门载体分类

根据构建方法不同,划分为三大类:(1) 酶切连接体系构建的入门载体,如 pENTR1A,pEN-TR2B,pENTR3C,pENTR4 和 pENTR11;(2) 拓扑连接体系构建的入门载体,如 pENTR/D-TOPO、pENTR/SD/D-TOPO、pENTR/TEV/D-TOPO 和 pCR8/GW/TOPO;(3) 用 BP 反应构建。

2. 如何选择合适的载体

根据目的片段特性和后期研究用途的不同需选择相应的入门载体,这一步非常重要。因为不同的入门载体含有不同的 *att*L 旁侧序列,如 SD,Kozak 序列等,而这些序列在 LR 反应时也一起随 *att*L1,*att*L2 位点之间的序列转到靶向载体中从而将在构建好的表达克隆中起相应作用。

3. 入门克隆的构建方法

第一种方法就是通过酶切连接带有内切酶识别序列的 PCR 产物和对应的入门载体把目的片段克隆到入门载体的 *att*L1 和 *att*L2 位点之间获得入门克隆。

第二种方法就是使用拓扑连接的方法把含有 CACC 特定拓扑酶识别序列的 PCR 产物或使用拓扑 TA 克隆的方法把带有 A 末尾的 PCR 产物克隆到相应的拓扑连接体系专用的入门载体中获得入门克隆。

第三种方法就是通过含有目的片段的表达克隆和供体载体进行 BP 反应获得入门克隆。

第四种方法就是通过含 *att*B 识别序列的 PCR 目的产物和供体载体(pDONR™ 221,pDONR™ 201 或 pDONR™/Zeo)进行 BP 反应构建入门克隆(图 4)。

很多模式生物的入门载体可以从研究中心或生物技术公司购买,不用自己构建。

三、靶向载体

1. 靶向载体的分类

Gateway 体系的靶向载体数目巨大。可以根据表达体系的不同,分为 *E. coli* 表达载体、酵母表达载体、昆虫表达载体、植物表达载体和哺乳动物细胞表达载体等；还可以根据载体功能特性分为过量表达载体、N 端融合蛋白表达载体、C 端融合蛋白表达载体、报告基因载体、RNA 干涉载体、蛋白互作载体和抗体制备用载体等等。这些靶向载体可以从研究中心或生物技术公司购买，不用自己构建。

2. 将普通载体转换为 Gateway 靶向载体

虽然目前已经存在种类数目巨大的靶向载体，但依旧会发生找不到合适的靶向载体的情况。对此，Gateway 技术体系中提供了使普通载体转换为 Gateway 靶向载体的方法。只需要把两头带有 *att*R1 和 *att*R2 识别序列的 *ccd*B-*Cm*R 片段通过平末端连接连入某个经过酶切补平的非 Gateway 载体中就能完成转换。该片段含有氯霉素抗性基因（*Cm*R）和 *ccd*B 毒基因（*ccd*B），并且在氯霉素抗性基因前面带有一个原核启动子，故而能在大肠杆菌中表达这两个基因，另外该片段两头含有 *att*R1 和 *att*R2 两个靶向载体必需的重组特异性位点。

四、构建表达载体

根据实验目的，选择靶向载体。把含有目的片段的入门克隆和该靶向载体进行 LR 反应，反应产物转化普通的大肠杆菌，就可以获得表达载体。

表 5 是 LR 反应体系的组成。25℃的恒温水浴锅中保温过夜。加入 1 μl 的蛋白酶 K，在 37℃恒温水浴锅中保温 10 min 终止反应。

表 5　按下表建立 LR 反应体系

入门载体	2 μl
靶向载体	2 μl
LR 酶	1 μl
总体积	5 μl

五、Gateway 重组克隆技术的优点

Gateway 重组反应快速且高度保守，能快速高效地把某个片段从一个载体转移到另外一个载体。不仅能保证重组方向和阅读框的正确性，还能保证碱基序列的一致性。

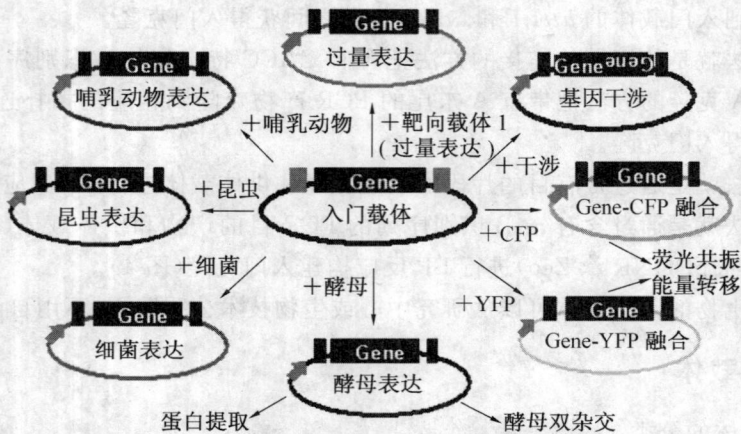

图 5　Gateway 重组克隆的优点：

高通量产生各种表达载体，满足科研工作的需要

一旦通过某种方法获得了一个含有目的基因的 Gateway 载体,那么就可以通过 LR 反应使目的片段在各种 Gateway 靶向载体之间转移,从而快速获得各种研究目的的表达载体(图 5),甚至可以实现自动化操作,极大提高了实验效率。

由于位点特异性重组几乎不依赖片段序列或片段大小,也不涉及酶切,所以 Gateway 克隆技术可同时对大量各不相同的序列片段进行克隆和亚克隆操作,这使它在文库制作,家族基因研究等领域具有极大的技术优势。

六、主要参考文献

1. Bernard P and Couturier M. Cell killing by the F plasmid CcdB protein involves poisoning of DNA-topoisomerase II complexes. *J Mol Biol*, 1992,226: 735—745.

2. Bushman W, Thompson JF, Vargas L and Landy A. Control of directionality in lambda site specific recombination. *Science*, 1985,230: 906—911.

3. Curtis MD and Grossniklaus U. A gateway cloning vector set for high-throughput functional analysis of genes in planta. *Plant Physiol*, 2003,133: 462—469.

4. Gopaul DN, Van Duyne GD and Guo F. Asymmetric DNA bending in the Cre-loxP site-specific recombination synapse. *Proc Natl Acad Sci*, 1999,96: 7143—7148.

5. Hartley JL, Temple GF and Brasch MA. DNA cloning using *in vitro* site-specific recombination. *Genome Research*, 2000,10: 1788—1795.

6. Landy A. Dynamic, structural, and regulatory aspects of lambda site-specific recombination. *Biochem*, 1989,58: 913—949.

7. Liu Q, Li MZ, Leibham D, Cortez D and Elledge SJ. The univector plasmid-fusion system, a method for rapid construction of recombinant DNA without restriction enzymes. *Curr Biol*, 1998,8: 1300—1309.

8. Miki T, Park JA, Nagao K, Murayama N and Horiuchi T. Control of segregation of chromosomal DNA by sex factor F in *Escherichia coli*. Mutants of DNA gyrase subunit A suppress *let*D (*ccd*B) product growth inhibition. *J Mol Biol*, 1992,225: 39—52.

9. Peakman TC, Harris RA and Gewert DR. Highly efficient generation of recombinant baculoviruses by enzymatically mediated site-specific *in vitro* recombination. *Nucleic Acids Res*, 1992,20: 495—500.

10. Shine J and Dalgarno L. Terminal-sequence analysis of bacterial ribosomal RNA. Correlation between the 3′ terminal-polypyrimidine sequence of 16-S RNA and translational specificity of the ribosome. *Eur J Biochem*, 1975,57: 221—230.

11. Weisberg RA and Landy A. Site-specific recombination in phage lambda. In: *Lambda II*. Weisberg RA, ed. Cold Spring Harbor, NY: Cold Spring Harbor Press,1983. 211—250.

12. Zhang Y, Buchholz F, Muyrers JP and Stewart AF. A new logic for DNA engineering using recombination in *Escherichia coli*. *Nat Genet*, 1998,20: 123—128.

第五节　染色体步行与图位克隆

图位克隆(map-based cloning),又称定位克隆(positional cloning),是一种克隆功能基因的有效技术,是根据功能基因在基因组中都有相对较稳定的基因座这个原理,利用分离群体的遗传连锁分析或染色体异常将功能基因定位到特定染色体的一个具体位置(两个分子标记之间),通过构建高密度的分子连锁图,找到与目的基因紧密连锁的分子标记,不断缩小候选区域进而克隆该功能基因。从已知的分子标记出发,构建高密度分子连锁图直至发现功能基因的过程,又叫染色体步行。

在克隆基因组基因时,如果只知道目的基因在染色体上的位置但不知道它的序列信息,我们就无法用筛查 cDNA 文库方法去克隆该基因,只能采用图位克隆的方法。

一、基本步骤和基因原理

传统的图位克隆技术主要包括以下 6 个步骤。如果是已经完成全基因组测序的生物,步骤 1 到 3 可以省略,步骤 4 到 6 变得比较简单,可以从公共数据库获得所需信息。

1. 筛选与目标基因连锁的分子标记。利用目标基因的近等基因系或分离群体分组分析法(BSA)进行连锁分析,筛选出目标基因所在局部区域的分子标记。

2. 构建并筛选含有大插入片段的基因组文库。常用的载体有柯斯质粒(cosmid),酵母人工染色体(YAC)以及 P1,BAC,PAC 等几种以细菌为寄主的载体系统。可以用与目标基因连锁的分子标记作为探针筛选基因组文库,得到阳性克隆。

3. 构建目的基因区域的跨叠克隆群(contig)。以阳性克隆的 3′末端作为探针筛选基因组文库,得到新的阳性克隆;再以它的 3′末端作为探针筛选基因组文库,得到下一个位置的阳性克隆,不断推进,直到获得具有目标基因两侧分子标记的大片段跨叠群,这就是染色体步行(图 6)。

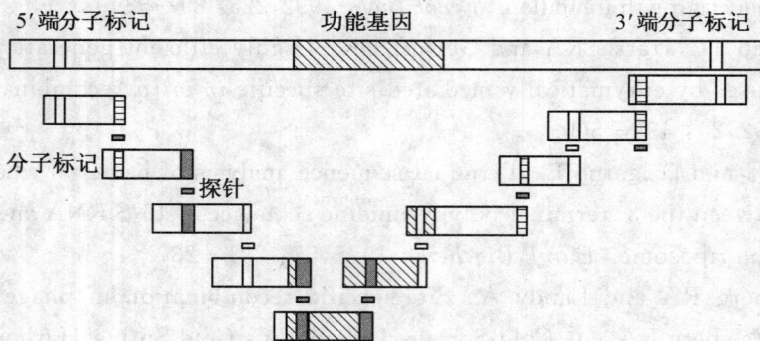

图 6　染色体步行

(从已知的分子标记出发,制备其 3′序列的探针,用探针筛查基因组 DNA 文库,得到阳性克隆;再以该阳性克隆的 3′序列探针进行新一轮的文库筛查;通过一系列的操作,最后可以步行到待克隆的基因)。

4. 目的基因区域的精细作图和定位。利用分离群体的混合样品或一定数量分离群体的单个样品,精确定位目的基因。也就是说,通过整合已有的遗传图谱和寻找新的分子标记，提高目的基因区域遗传图谱和物理图谱的密度。

5. 目的基因的超精细定位。对于已经有全基因组序列数据的生物，可以利用侧翼分子标记分析和大规模分离群体的单个样品，超精细定位目的基因。对于还没有全基因组测序数据的生物，以目标基因两侧的分子标记为探针通过染色体登陆获得含目标基因的阳性克隆。

6. 目的基因的克隆和鉴定。对于已经基因组测序的生物，根据超精细定位的结果，对候选基因进行测序分析。对于还没有基因组测序的生物，步骤 5 中所得到的阳性克隆中可能含有多个候选基因，可以用筛选 cDNA 文库等方法辨别出目的基因，也可以通过共分离和时空表达特点分析等过程确定目标基因。当然，最直接的证明是进行功能互补实验。

二、图位克隆中的分子标记

广义的分子标记（molecular marker）是指可遗传的并可检测的 DNA 序列或蛋白质。蛋白质标记包括种子贮藏蛋白和同工酶（指由一个以上基因位点编码的酶的不同分子形式）及等位酶（指由同一基因位点的不同等位基因编码的酶的不同分子形式）。狭义的分子标记概念只是指 DNA 标记，而这个界定现在被广泛采纳。此处只介绍 DNA 分子标记。

理想的 DNA 分子标记必须达到以下几个要求：（1）具有高的多态性；（2）共显性遗传，即利用分子标记可鉴别二倍体中杂合和纯合基因型；（3）能明确辨别等位基因；（4）遍布整个基因组；（5）除特殊位点的标记外，要求分子标记均匀分布于整个基因组；（6）选择中性（即无基因多效性）；（7）检测手段简单、快速（如实验程序易自动化）；（8）开发成本和使用成本尽量低廉；（9）在实验室内和实验室间重复性好（便于数据交换）。

高精度的图位克隆需要有高密度的遗传标记。下面我们以拟南芥为例，讲一讲图位克隆中的分子标记。许多拟南芥的品种或生态型都有着丰富的差异，可以用来设计分子标记从而建立高密度的分子图谱。而且随着人类基因组计划中拟南芥 Col-0 部分基因组全序列的测序完成和 Cereon 公司对 *Landsberg erecta*（Ler）测序的结束，以及其他图位克隆中新制作标记的公布，在网络上已经有足够多的分子标记用以图位克隆。

目前在图位克隆实验中使用的最广泛的分子标记主要是简单序列长度多态性（simple sequence length polymorphisms，SSLP）、酶切扩增多态性序列（cleaved amplified length polymorphic sequences，CAPS）、获得性酶切扩增多态性序列（derived cleaved amplified length polymorphic sequences，dCAPS）。它们都具有一个显著的优点：它们都是共显性的。植株的基因型可以得到完全的展现，可以从一个作图群体中得到最大量的信息。此外，它们都是基于 PCR 和琼脂糖电泳的分析技术，使得它们的成本比较低。我们列出了拟南芥 5 条染色体上常用的 18 对分子标记（表 6）的具体信息。

表6 拟南芥粗略定位用 SSLP 标记

Chr.	(cM)	Marker	T_m(℃)	Forward Primer (5'→3')	Reverse Primer (5'→3')	Size of Product (bp) COL	PCR (bp) WS	[MgCl$_2$] (mmol/L)
I	(10)	F21M12 (1—1)	53.8	GGCTTCTCGAAATCTGTCC	TTACTTTTTGCCTCTTGTCATTG	200	~215	2.0
	(39)	ciw 12 (1—2)	47.2	AGGTTTTATTGCTTTTCACA	CTTTCAAAAGCACATCACA	128	~115	1.5
	(81)	nga 280 (1—3)	55	CTGATCTCACGGACAATAGTGC	GGCTCCATAAAAAGTGCACC	105	85	1.5
	(113)	nga 111 (1—4)	56.1	CTCCAGTTGGAAGCTAAAGGG	TGTTTTTTAGGACAAATGGCG	128	146	1.5
II	(74)	nga168(2—1)	55	GAGGACATGTATAGGAGCCTCG	TCGTCTACTGCACTGCCG	150	135	2.0
III	(7)	nga 172(3—+)	55	CATCCGAATGCCATTGTTC	AGCTGCTTCCTTATAGCGTCC	162	138	2.0
	(20)	nga 162 (3—1)	55	CATGCAATTTGCATCTGAGG	CTCTGTCACTCTTTTCCTCGG	107	85	1.0
	(43)	ciw 11 (3—2)	55	CCCCGAGTTGAGGTATT	GAAGAAATTCCTAAAGCATTC	179	~240	2.5
	(86)	nga 6 (3—3)	55	TGGATTTTCTTCCTCTTCAC	ATGGAGAAGCTTACACTGATC	143	131	1.0
	(27)	nga 8(4—+)	55	TGGCTTTCGTTTATAAACATCC	GAGGGCAAATCTTTATTTCGG	154	166	2.0
	(47)	ciw 6 (4—1)	55	CTCGTAGTGCACTTTCATCA	CACATGGTTAGGGAAACAATA	162	~135	2.0
IV	(65)	ciw 7 (4—2)	55	AATTTGGAGATTAGCTGGAAT	CCATGTGTGATGATAAGCACAA	130	~150	2.0
	(104)	nga1107(4—3)	55	GCGAAAAAACAAAAAATCCA	CGACGAATGACACAGAATTAGG	150	140	1.5
V	(50)	nga139(5—+)	55	GGTTTCGTTTCACTATCCAGG	AGAGCTACCAGATCCGATGG	174	132	2.0
	(10)	CTR1 (5—1)	55	CCACTTGTTTCTCTCTCTAG	TATCAACAGAAAACGCACCGAG	159	145	2.5
	(71)	PHYC (5—2)	55	CTCAGAGAGAATTCCCAGAAAAATCT	AAACTGGAGAGTTTTGTCTAGATC	207	222	2.0
	(88)	ciw 9 (5—3)	55	CAGACGTATCAAATGACAAATG	GACTACTGCTCAAACTATTCGG	165	~140	1.0
	(115)	ciw 10 (5—4)	49	CCACATTTTCCTTCTTTCATA	CAACATTTAGCAAATCAACTT	140	~135	2.0

部分引用自 Supplemental Material for "Positional Cloning in *Arabidopsis*" (http://carnegiedpb.stanford.edu/methods/ppsuppl.html)

三、植物基因的图位克隆

下面我们以拟南芥 *hyd*3(根粗短、细胞膨大,茎表皮细胞形成小泡,图 7)突变体的图位克隆为例,详细说明植物图位克隆的过程。

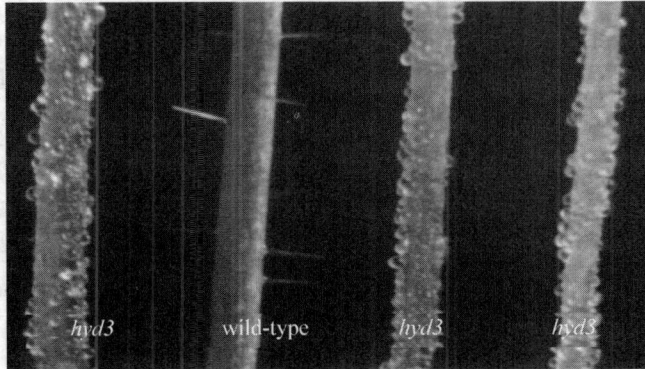

图 7   拟南芥 *hyd*3 突变体的表型

1. 作图群体的获得

材料和试剂:*hyd*3 杂合体、Ws 野生型、Col-0 野生型、B5 固体培养基(含 1‰蔗糖)、蛭石、拟南芥培养液。

方法:

(1)把含 *hyd*3 基因的 M2 杂合个体与 Ws 进行连续回交,以排除其他位点基因突变对 *hyd*3 的影响。

(2)用回交后的杂合子作母本,与 Col-0 进行杂交,制作 F_1 群体。再将 F_1 种子种成单株苗,收取 F_2 群体。

(3)以组培方式少量萌发作图群体种子,判断哪几个 F_2 群体包含有 *hyd*3 基因。取其中一个作为主要的作图群体。

(4)以组培的方式萌发所挑选的作图群体种子。在种子培养见光 5 天后,挑选根粗短及向地性差的小苗(*hyd*3),移植到新的培养基集中培养,以便提供足够的养分和同样的培养条件。

(5)再过 15 天后(一共见光 20 天),用挑选出来的 *hyd*3 苗提取基因组 DNA。

2. 作图群体混合样品基因组 DNA 的提取

材料和试剂:作图群体中 *hyd*3(见光 16 天)小苗;2×CTAB DNA 提取液、氯仿:异戊醇(24∶1)、异丙醇、70%(V/V)酒精、TE RNase 溶液。

方法:

(1)挑取 100 株差不多大小的小苗,吸干水分,鲜重控制在 0.1～0.2 g,进行 DNA 提取。

(2)测定 DNA 浓度后,取一部分稀释到 200ng/μl 保存到 4℃,剩余的一20 ℃冻存。

3. 作图群体单株苗基因组 DNA 的提取

材料和试剂同上。DNA 提取方法同上。每株突变体苗单独提一份 DNA。

4. 利用 100 株苗的混合 DNA 进行粗略定位

(1)SSLP 标记的 PCR 扩增

模板材料:作图群体混合 DNA,Col×Ws F_1 植株基因组 DNA。

PCR 试剂：dNTPs,10×PCR 缓冲液,MgCl₂,Taq DNA 聚合酶。

SSLP 引物：根据 TAIR 网站提供的信息挑选了平均分布与拟南芥 5 条染色体的 18 个标记的引物对：F21M12,ciw12,nga280,nga111,nga168,nga172,nga162,ciw11,nga6,nga8,ciw6,ciw7,nga1107,nga139,CTR1,PHYC,ciw9,ciw10（表 6）。

PCR 扩增：

反应采用 20 μl 体系（表 7），其中 MgCl₂ 浓度随引物对不同而有所变化（表 1-2）。扩增程序为：94℃预变性 5 min；94℃变性 15 s,55℃（个别不是 55℃,见表 6）退火 15 s,72℃延伸 15 s,40 个循环;72℃延伸 5 min;4℃保温。

表 7　SSLP 扩增 20 μl 反应体系

模板 DNA	1 μl
20 μlmol/L 引物	0.5＋0.5 μl
10×缓冲液	2 μl
dNTPs	0.5 μl
MgCl₂	见表 4-1
Taq DNA 聚合酶	0.2 μl
ddH₂O	根据 MgCl₂ 补足 20 μl
总体积	20 μl

（2）PCR 产物琼脂糖凝胶电泳

产物取 15 μl 用于电泳。用 2.5％的琼脂糖凝胶,1×TAE 电泳缓冲液,80V 电压进行电泳,电泳 2 h 以上。注意在 1～1.5 h 的时候更换 TAE 电泳缓冲液,维持较高的电泳效率。

（3）hyd3 的粗略定位

电泳后分析结果,确定突变发生的大致位置。由于突变体的背景是 Ws 的,所以如果不考虑连锁互换的存在,那么基于孟德尔的经典遗传学理论,在作图群体中得到的纯合 hyd3 个体中,发生 hyd3 突变的那条染色体应该都是 Ws 的。如果考虑重组的发生,我们至少也可以说在 HYD3 附近的一个 DNA 区段将大部分都是 Ws 的 DNA 片段。那样在做 PCR 时 Ws 提供的模板的量就会相对较多。根据这个结论,我们只要在某一个标记上找到 Ws 的信号明显强于 Col-0,就可以说明 HYD3 与该标记连锁。

5. 利用作图群体进行精细定位

PCR 模板：作图群体的 500 多个 hyd3 突变体的单株基因组 DNA,Col-0 基因组 DNA,Ws 基因组 DNA,Col×Ws F₁ 杂合体基因组 DNA。

先通过 PCR 扩增 SSLP 分子标记,电泳以后统计重组个体数目,进行遗传分析,计算遗传距离：

$a＝\{0.5－Sqrt[(单株样品总数-重组个体数)/(单株样品总数×4)]\}×2$

在拟南芥中,平均 1％的遗传距离相当于 250 kb 的物理图距。根据得到的遗传距离可以将基因定位在某一段区间内,然后在这一区间内再寻找合适的分子标记,通过这样的染色体步行,最终将基因进行比较精确的定位。

6. 对候选基因进行测序分析

测序证明,$hyd3$ 是拟南芥 $COBRA$ 基因的一个新的等位性突变。

四、人类基因的图位克隆

系谱分析法是一种比较经典的基因定位方法,适用于性连锁基因和常染色体基因。人类基因的图位克隆有很多关键环节。其一,系谱要大,甚至同一疾病不同家族的系谱材料也要搜集。其二,需寻找在全基因组上均匀分布的,具有一定密度的多态性 DNA 序列,作为连锁分析的参考坐标。数目可变的串联重复序列(VNTR)是一种比较好的标记。现在已确定了近 300 个均匀分布的 VNTR,每一个 VNTR 在染色体上的位置是已知的,并可根据每一个 VNTR 的两侧序列设计引物,通过 PCR 扩增 VNTR,然后进行凝胶电泳,每一个 VNTR 根据其长度不一而呈现出梯状的条带图谱,这种方法称为全基因组扫描(genome scanning)。由于每一个个体的同一位置上的 VNTR 的长度不一定是相同的,所以每一个个体的 VNTR 电泳图谱是不同的。搜集家系的各个成员 DNA 样品,每一个成员的 DNA 都进行"基因组扫描",比较不同个体的 VNTR 电泳图谱时,如发现某种性状总是同某些 VNTR 电泳条带相连锁,就可以在这些 VNTR 条带所在的染色体位置附近寻找与这种性状相关的基因。

五、主要参考文献

1. W. Lukowitz, C. S. Gillmor and W. R. Scheible. Positional cloning in arabidopsis. Why it feels good to have a genome initiative working for you. *Plant Physiology*, 2000, 123: 795—805.

2. S. D. Michaels and R. M. Amasino. A robust method for detecting single-nucleotide changes as polymorphic markers by PCR. *Plant J*, 1998, 14: 381—385.

资 源 部 分

果蝇遗传学研究的 DNA、突变体和生物信息学资源

随着基因和基因组信息的大量获得,了解及利用果蝇数据库对于果蝇的遗传学研究变得越来越重要。

Flybase 是其中最核心的网络资源,包括基因组计划和研究刊物的果蝇基因组和遗传方面的信息,以及库存中心目录、研究人员的联系方式、新闻等。两个有公共基金来源的果蝇基因组计划:Berkeley Drosophila Genome Project(BDGP)和 European Drosophila Genome Project(EDGP)公布的数据已经与 FlyBase 整合。果蝇基因组主要数据库的网络地址见表 8。

表 8 果蝇基因组主要数据库的网络地址

数据库名称	网 址
FlyBase	http://flybase.bio.indiana.edu/
BDGP	http://www.fruitfly.org/
EDGP	http://edgp.ebi.ac.uk/

FlyBase 是搜索果蝇信息资源最有用的网站,其中包括:基因和等位基因、来源文献的分子数据和图谱、转座子、载体和转座子插入突变体、畸变和平衡致死品系、果蝇种系库、文献、果蝇研究者等信息。

BDGP 为大家提供果蝇基因组的分子数据的最新信息,包括:基因组 DNA 克隆、基因组图谱(如物理图谱和基因组克隆的分子图谱)、来自表达序列标记(EST)计划的 cDNA、基因干涉和 P-元件插入突变体等信息。

国际果蝇种质资源中心主要有以下 8 个。

● 英国剑桥大学 DrosDel(http://www.drosdel.org.uk/)

● 美国哈佛医学院 Exelixi(https://drosophila.med.harvard.edu/)

● 亚利桑那大学 Tucson(http://stockcenter.arl.arizona.edu/)

● 美国印第安纳大学 Bloomington 果蝇种质资源中心(http://flystocks.bio.indiana.edu/)。

● 匈牙利 Szeged 果蝇种质资源中心(http://expbio.bio.u-szeged.hu/fly/index.php)

● 日本京都技术研究所的果蝇遗传资源中心(http://www.dgrc.kit.ac.jp/en/index.html)

- 日本愛媛大学(http：//kyotofly.kit.jp/cgi-bin/ehime/index.cgi)
- 日本国立遗传学研究所（http：//www.shigen.nig.ac.jp/fly/nigfly/index.jsp）

表 9 列出了一些果蝇资源和数据库。

表 9 果蝇资源和数据库

资 源	链 接	注 释
The Drosophila Virtual Library	http：//www.ceolas.org/fly/	对初学者非常有帮助,能够链接到以下大多数据库,以及世界范围的果蝇实验室和实验方法。
Bionet.drosophila Newsgroup Archive	http：//www.bio.net:80/hypermail/DROS/	解答般或技术性问题。
The interactive Fly	http：//sdb.bio.purdue.edu/fly/aimair/laahome.htm	果蝇基因及其在发育中的功能指南,包括基因和非线性的发育等级和途径的描述。
FlyView	http：//flyview.uni-muenster.de/	果蝇表达模式的图像数据库,以及发育过程特殊阶段表达模式图像及文字描述。
FlyBrain	http：//flybrain.neurobio.arizona.edu/	一个神经解剖学图像集及果蝇中枢和外周神经系统的描述。
Virtual Fly Lab	http：//vcourseware5.calstatela.edu/VirtualFlyLab/IntroVflyLab.html	利用各种可见突变来设计"虚拟"果蝇杂交试验的教学工具。
GIFTS(Gene interaction In the Fly Transworld server)	http：//gifts.univ-mrs.fr/GIFTS_home_page.html	包含各类基因互作信息的数据库:胚胎模式形成中的基因互作;DNA 序列上的蛋白结合位点;蛋白质-DNA、蛋白质-RNA、蛋白质-蛋白质之间互作。
DRES（Drosophila-related Expressed Sequences）	http：//www.rgem.it/LOCAL/drosophila/dros.html	与果蝇基因同源的人类 cDNA 克隆。
SegNet	http：//www.csa.ru/Inst/gorb_dep/inbios/genet/s0sgnt.html	果蝇胚胎体节发育的基因网络模型。

第二节　拟南芥遗传学研究的 DNA、突变体和生物信息学资源

1999 年 12 月 14 日，美、英等国科学家宣布绘出拟南芥基因组的完整图谱，这是人类首次全部破译出一种植物的基因序列，从此拟南芥的研究进入到功能基因组学研究的新阶段。如今研究者可通过网络获取大量拟南芥信息，包括大量核酸、蛋白质、突变体的信息，其中最重要的网站是 The Arabidopsis Information Resource（TAIR, www. arabidopsis. org）。TAIR 为拟南芥研究者提供了最完备的遗传和分子生物学数据库，其中包括完整的基因组序列、基因结构及产物信息、代谢、基因表达、DNA 和种子库、基因组图谱、遗传和物理学标记及拟南芥研究团体的信息及出版物。根据最新发表的研究文献及研究团体递交的数据，基因产物功能数据每 2 周更新一次，利用计算机和手动的方法，以及团体递交的新基因或更新的基因，基因结构信息每年更新 1～2 次。此外，TAIR 还提供广泛的通向其他拟南芥资源的链接网址。

另一个重要的拟南芥资源网是拟南芥生物资源中心（ABRC）。此中心建于 1991 年 9 月，地点在俄亥俄州立大学。最初由美国自然科学基金（NSF, National Science Foundation grant）资助。ABRC 的使命是获取及保存拟南芥研究所用的种子及 DNA 资源。Randy Scholl 博士是该校植物细胞与分子生物学系的副教授，ABRC 的主任。ABRC 保存的种子及 DNA 由国际上各个国家的研究者所捐赠，每一份实验材料都有其特定的编号，经评估、存档后可供研究者索取。种子和 DNA 的保存按严格的程序进行，并存有备份。ABRC 资源库的储存量及发放速率增长迅速。目前已有几十万份实验材料（stock），每年超过 100,000 份的实验材料运往 60 多个国家，并只收取少量适度的费用。目前，ABRC 数据库和订购系统已整合到 TAIR。

现将 TAIR 包括的主要内容介绍如下：

TAIR 数据库

可通过基因名称、AGI 号（Arabidopsis Genome Initiative 给每个拟南芥基因分派的标识码）、标记名称或者克隆名称进行查询，并提供从 TAIR 数据库找到的图位、著作文献以及家系中心资源等信息。TAIR 数据库还提供活跃在拟南芥研究领域的研究人员和机构的信息。由于该数据库还包含了拟南芥相关的参考文献出版物数据，是对 PubMed 信息的一个有效补充。

工具

可在"Tools"栏目下面找到大量与基因组和拟南芥基因相关的数据库功能。以用户友好的格式提供基因组序列，其中包括具缩放功能的染色体图谱，方便我们清晰地观察感兴趣的局部图像。在图谱上还显示了细菌人工染色体（BACs）的常用标记和名称，因此用户能够保持正确的方向感。可通过基因名称、BAC 名称、标记名称等进入系统，并对兴趣区域进行检索。查询拟南芥和其他植物的序列（包括 ESTs、全基因组、注释的编码区等）时，可用 BLAST 和 FASTA 格式进行。利用 GeneHunter 的功能，可采用基因名称进行查询，并同时搜索 TAIR 本身、PubMed 文献和 GenBank 等多个数据库，输出的结果汇总了相关的各类信息。

资源库

从 Arabidopsis Biological Resource Center（ABRC）搜索或者订购资源可以通过 TAIR

进行。资源库可分为种子和 DNA,可以通过各种关键词,包括储存号、基因名称和记号、等位基因标记、表型和资源类别来进行搜索。例如,通过种子类别搜索"npr1"时,可得到 $npr1-1$,$npr1-2$,$npr1-3$,和 $npr1-5$ 等种子类别及其相关的生态型背景、提供种子的人员和突变表型等信息。选择资源类型为"ecotype/field strain",同时让其他栏目空白时,可得到来自资源中心的所有可用生态型(野生型)的种子名称。需要的资源可通过网络订购得到。从 ABRC 还可订购各种突变体库。DNA 资源库包括 BAC 克隆、单个 BAC 和酵母人工染色体(YAC)克隆等。

其他提供种子的两个资源中心是诺丁汉拟南芥资源中心(Nottingham Arabidopsis Stock Center,http://nasc.nott.ac.uk)和仙台拟南芥种子资源库(Sendai Arabidopsis Seed Stock Center,http://www.brc.riken.jp/lab/epd/Eng/catalog/seed.shtml),可在 TAIR 主页上找到这些中心的链接。

新闻

这个部分包含了拟南芥新闻组的链接,包括会议、事件和工作报道等内容。拟南芥新闻组是一个基于 e-mail 的信息交流团体,团体成员发表 TAIR、资源库系更新信息、技术问题、求职信息等。任何人都可以向新闻组订阅这些 e-mail 报道。另外还可以利用 TAIR 的链接浏览或者搜索最近和过去的信息档案。会议和事件部分包括每年一次国际拟南芥会议的摘要汇编,很有价值。

外部链接

TAIR 提供了拟南芥研究者感兴趣的其他网站的链接,其中包括其他的数据库和资源中心以及各类提供核苷酸和蛋白质序列分析的站点。这里还有一个拓展的站点列表,对那些在生物芯片实验上感兴趣的人是很有帮助的。术语表部分包含拟南芥基因命名的方法,基因命名的原则及如何避免基因命名的重复性,并对命名基因、突变等位基因和蛋白质的惯例进行了说明。

FTP

例如在开发和试用新的生物信息工具时,下载大量供本地使用的信息是非常有帮助的。FTP 部分包括拟南芥基因组序列、预测的基因、遗传和物理图谱以及芯片数据等信息的下载说明。

拟南芥信息

这部分包括了各种各样的有用条目。可下载实验室株系 Columbia 和 Landsberg *erecta* 之间包括插入/缺失、单核苷酸多样性(SNPs)在内的多态性列表。这些多态性对高分辨率的图谱计划是非常有用的。该信息由 Cereon Inc. 负责收集和编制,要求在线对信息转让进行审批,仅对非营利机构工作的科学家开放。此外,还提供大量公众基金资助的拟南芥项目的情况,包括 Arabidopsis Genome Initiative 和"NSF 拟南芥 2010 计划",这些项目旨在 2010 年之前了解更多的拟南芥基因的功能。

第三节　酵母遗传学研究的 DNA、突变体和生物信息学资源

1. ATCC 全球生物资源中心

http：//www. atcc. org/CulturesandProducts/Microbiology/FungiandYeast

2. 酵母基因组数据库 SGD

http：//www. yeastgenome. org/

SGD 是一个系统收集酿酒酵母遗传和分子生物学信息的专业网站，该网站提供酵母基因和蛋白质的序列，描述其生物学作用及分子生物学功能、亚细胞定位和相关文献信息，此外还包含其他功能基因组数据库的链接及序列分析工具。

3. 慕尼黑酵母基因组数据库 CYGD

http：//mips. gsf. de/genre/proj/yeast/

The MIPS Comprehensive Yeast Genome Database（CYGD）旨在提供酿酒酵母分子结构和功能网络信息，以及用于比较分析的相关酵母计划的各种信息。

4. *Saccharomyces* Genome Deletion Project 网站

http：//www-sequence. stanford. edu/group/yeast_deletion_project/deletions3. html

酵母基因组缺失计划致力于构建一套完整的酵母缺失突变体菌株库，并通过对突变体表型的分析以确定每个 ORFs 的功能。采用基于 PCR 的基因缺失策略，制作酵母基因组中从起始密码子至终止子单个 ORF 的缺失突变体库。被破坏的基因用一个 KanMX 模块替换，并标上一个或 2 个 20-mer 序列的特异性标签。标签的出现能通过一个高密度的寡核苷酸阵列杂交分析进行检测，并对多个菌株的生长表型进行平行分析。目前已产生 4 种突变体库，其中包括每种交配型的单倍体、非必需基因的纯合二倍体和包含必需、非必需基因 ORF 的二倍体杂合子。目前该项目已完成了 90％酵母基因组的突变工作，并可提供超过 20,000 种菌株。

以下一些网站提供菌株信息及相关文献、实验方法及技术信息。

酵母启动子数据库 SCPD　http：//rulai. cshl. edu/SCPD/

酵母形态数据库 SCMD　http：//scmd. gi. k. u-tokyo. ac. jp/datamine/

酵母内含子数据库　http：//www. cse. ucsc. edu/research/compbio/yeast_introns. html

第四节　大肠杆菌遗传学研究的 DNA、突变体和生物信息学资源

　　1. *E. coli* 基因组计划网络，由美国 University of Wisconsin-Madison 建立（http：//www. genome. wisc. edu/），提供 *E. coli* K-12 的基因组信息，并及时更新相关的注释。并构建了每个基因的 knockout 株系库、每个 ORF 的克隆及各种生理条件下的基因表达数据库，所有克隆及数据都免费提供。此外，还对与 *E. coli* K-12 病原体密切相关的肠杆细菌菌株进行测序，通过比较基因组学研究以探寻控制基因库水平转移结合因子和决定 pathosphere 毒力的因素。网站中的 ASAP 数据库是通过与 Nicole Perna 的合作发展起来的，是一个信息共享和下载的平台。

　　2. EcoCyc 网站（http：//www. ecocyc. org/）是 *E. coli* K-12 MG1655 的科学数据库，也是整个基因组及转录调控、运输和代谢途径的综合文献资料库。

　　3. EcoliHub（http：//www. ecolicommunity. org），是一个发展中的 *E. coli* 数据库，与 EcoCyc 一起形成 *E. coli* 模式生物数据库。

　　4. 肠道病原体资源综合中心（Enteropathogen Resource Integration Center，ERIC，http：//www. ericbrc. org/portal/eric/），是一个由工业界和学术界科技人员共同组成的团队，为研究者提供最好的肠道细菌基因组注释和相关相关信息。

　　5. EcoliWiki（http：//ecoliwiki. net/colipedia/index. php/Welcome_to_EcoliWiki），是一个介绍 *E. coli* K-12 的噬菌体、质粒和转移遗传因子的专业网站。

　　6. *E. coli* O-抗原数据库（http：//www. casper. organ. su. se/ECODAB/）是一个介绍 *E. coli* O-抗原结构的专业数据库。

第五节　线　虫

线虫(nematode)是目前发育生物学研究中重要的模式生物,它的构造简单,生长快速,可大量养殖,易于产生突变。此外它的细胞数目以及细胞命运图谱几乎固定,并且易于追踪。1972 年由西德尼·布雷纳(Sydney Brenner)开创的以线虫为材料的研究道路为揭示凋亡的分子机制提供了一个绝佳视角。而约翰·萨尔斯顿(John E. Sulston)一手建立的线虫细胞谱系为之后罗伯特·霍维茨(H. Robert Horvitz)等人进行的凋亡基因研究提供了坚实基础。由于线虫研究开创了一个对今日生物医学发展具有举足轻重的全新领域,同时也因为以线虫为基础的凋亡研究对基础和应用生物学产生的巨大推动作用,卡罗林斯卡医学院的诺贝尔奖评选委员将 2002 年的生理或医学(Physiology or Medicine)奖授予了这三位科学家。

线虫种类繁多,分为杆形目、圆形目、蛔虫目、尖尾目、旋尾目、丝虫目、毛首目、膨结目和驼形目等。通常呈乳白、淡黄或棕红色。大小差别很大,小的不足 1 毫米,大的长达 8 米。多为雌雄异体,雌性比雄性大。虫体一般呈线柱状或圆柱状,不分节,左右对称。在有着多达 2000 万同宗兄弟的线虫家族中,有几个和人类关系极为密切,如蛔虫和蛲虫就是其中大名鼎鼎的两个。

而作为研究材料的长不过 1 毫米的小生物秀丽隐杆线虫(*Caenorhabditis elegans*)本身和人关系不大,它通身透明,生活在土壤中,以细菌为食,全身共有 959 个细胞,性别为雌雄同体或雄性。以下就以 *C. elegans* 为代表(图 8),简要介绍线虫的研究方法及其研究热点。

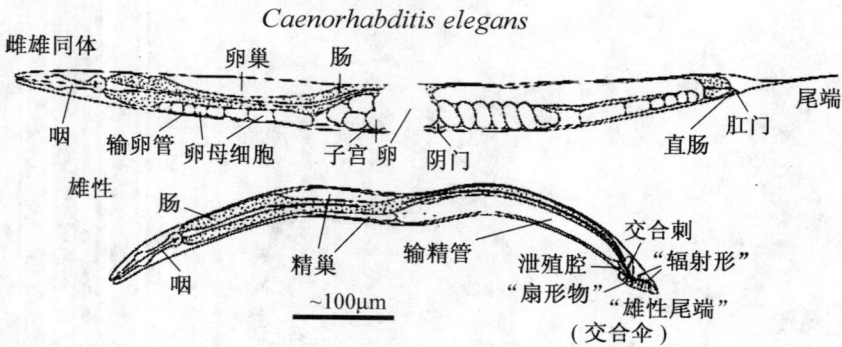

图 8　线虫的主要解剖结构示意图
(参考 Sulston JE and Horvitz HR (1997)的论文,并经修改。)

一、*C. elegans* 作为遗传学实验材料的优点

1. *C. elegans* 生活周期短,以大肠杆菌为食,在实验室条件下很容易培养、繁殖。

2. 用 *C. elegans* 为材料做基因克隆等分子生物学实验简便易行。实验操作简单,结果稳定,受环境因素的影响甚小。

3. 遗传分析所依据的性状特征明显,其变异一般可直接在显微镜下(图 9)判断,如,与正常个体相比,*unc* (uncoordinared movement)突变体运动迟缓,运动形状怪异;*dpy* (dun-

py)突变体虫体肥胖,体长大为缩短;*bli*（blister）突变体周身有水泡;*sme*（small）突变体成虫个体明显地比正常个体小等等。

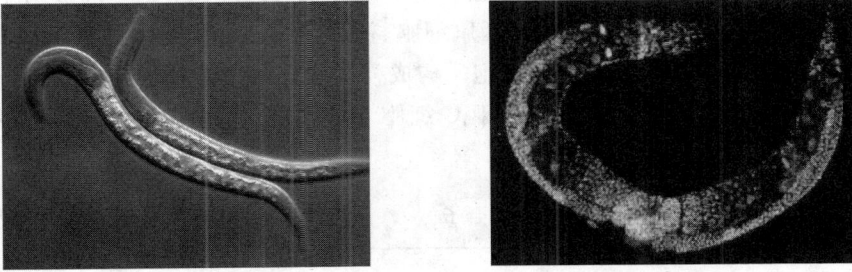

图9　秀丽线虫
（左为相差显微镜观察,右为荧光显微镜观察,图片来源:www. nematode. net）

4. *C. elegans* 作为遗传实验材料的最主要优点,在于它具有自体和异体两种交配能力。这一特性及两种性别虫体在形态上的易分性,给遗传分析带来极大的便利。通过杂交,容易引入各种遗传标记。而通过自交,很容易得到隐性突变的纯合子。

5. *C. elegans* 是一种真核生物,也是一种多细胞生物,从它身上所获得的生物学知识可能可以直接应用于更加复杂的生物,包括人类自身。

6. 1998 年 12 月 *C. elegans* 的基因组全序列在 Science 杂志上发表。基因的分析和预测也已完成,为深入研究基因功能和互作提供了便利。

二、*C. elegans* 生活史

C. elegans 的生活周期包括一个在卵中的胚胎发育阶段,四个幼虫(larval)阶段和一个成虫(adult)阶段(图 10)。它的生命周期很短,20℃下生到死的全过程只有约 3 天。

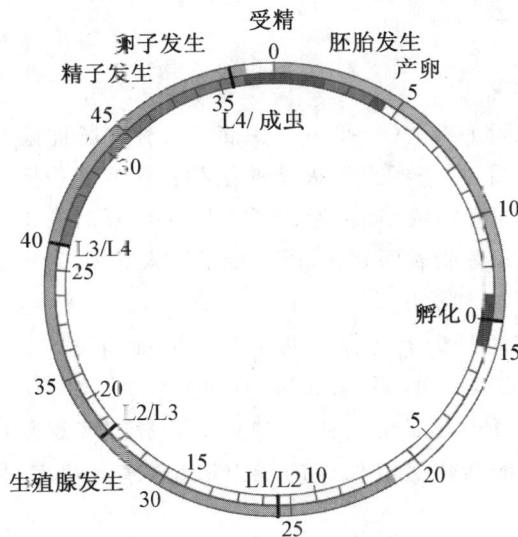

图 10　25℃ 条件下 *C. elegans* 的生活史

C. elegans 的幼虫含有 556 个体细胞和 2 个原始生殖细胞,成虫则根据性别不同具有不同的细胞数。最常见的雌雄同体成虫成熟后含有 959 个体细胞,而较少见的雄性成虫则

有 1031 个体细胞。早期胚胎发生阶段,由受精卵产生了五个体基细胞——AB、MS、E、C、D 和一个性腺基细胞 P4(图 11)。创立者 AB 细胞分裂和分化出 389 个细胞,构成了皮下、神经、咽肌、分泌腺和运动系统的一部分细胞。EMS 则细胞再分裂为 MS 和 E 两个创建者细胞系,MS 细胞分裂成为包括体肌细胞、咽肌细胞、神经细胞和分泌腺细胞在内的 80 个细胞,E 细胞发育成消化道的主体:20 个肠细胞。构成神经系统的另外 2 个细胞则来自 C 创建者系,还有 45 个皮下和体肌细胞也是来自于 C 细胞。D 细胞全部用于形成运动系统的 20 个体肌细胞。

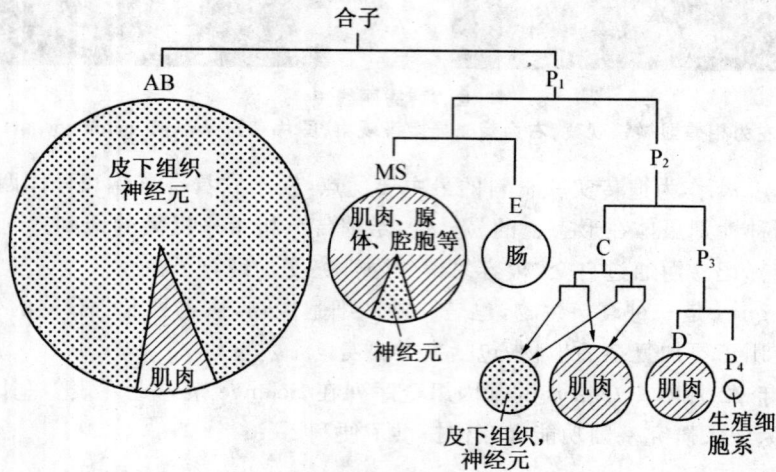

图 11　*C. elegans* 早期胚胎细胞谱系简图
(参考 Sulston JE 等的论文(1983),面积大小对应于细胞数目,点表示外胚层组织,斜线表示内胚层组织)

三、培养方法

1. *C. elegans* 的培养

在倒好的 NGM 琼脂平板上(5～9cm),用滴管接种大肠杆菌 OP50 菌悬液于表面,培养过夜。待长出一层细菌后,用一经火焰灭菌的接种针挑取线虫到平板上,20～25℃下培养。大肠杆菌 OP50 是一种尿嘧啶依赖菌,保证了在尿嘧啶限制的培养基上不会长得太厚而淹没 *C. elegans*。注意勿将琼脂表面划破,以免虫子钻入其内,影响观察和挑取。

2. *C. elegans* 的保存和活化

C. elegans 在 15℃时平板上可存活两个月。取细菌被吃完后约一天的平板,此时其上线虫大部分处于 L1 和 L2 期,用 1 ml M9 缓冲液洗下,加 1 ml 含 30％甘油的 S 缓冲液混匀,按 0.5 ml 分装到 Eppendorf 管中,封口后立即放到液氮瓶颈部或放在 －70℃冰箱中冷却保存。*C. elegans* 的活化是将保存的线虫取出,冰上解冻,倾倒在长有细菌的 NGM 平板上。

3. 遗传分析方法

自交:挑取一条 L4 期的两性虫到长有细菌的新鲜平板上,20～25℃培养 3 天后观察,增殖的个体即为自交子代。杂交:在一长有细菌的平板上,挑入若干只特定表型的未异体受精过的较幼两性虫和雄虫,一般 2 只两性虫加 4～6 只雄虫能保证杂交的发生。20～25℃

培养 1 天后挑去亲本雄虫,3 天后观察。根据子代中有无雄虫的增殖判断是否发生杂交。

与两性虫不同,雄虫不能自身繁殖。应定期挑取雄虫和两性虫到新鲜平板上杂交,使雄虫增殖。由于两性虫的自交优势,雄虫与两性虫的混合培养物中雄虫的比例会随时间的延长而迅速下降。

附:所用培养基和缓冲液

NGM 琼脂平板:NaCl 3 g;琼脂 15~20 g;蛋白胨 2.5 g;胆固醇(5 mg/ml 酒精)1 ml;水 975 ml;灭菌后分别按序加入下列无菌溶液:1 ml 1 mol/L $CaCl_2$;1 ml 1 mol/L $MgSO_4$;25 ml 1 mol/L 磷酸钾(pH6.0)混合均匀。倒好的平板密封后室温放置一段时间直至干燥才可使用。

M9 缓冲液:KH_2PO_4 3 g;Na_2HPO_4 6 g;NaCl 5 g;0.25 g $MgSO_4 \cdot 7H_2O$,定容至 1 L,灭菌。

S 缓冲液:0.1 mol/L NaCl,0.05 mol/L K_3PO_4(pH 6.0)。

四、基因组概况

C. elegans 的基因组全序列于 1998 年发表,是第一个被阐明全部基因组序列的真核多细胞生物。该线虫的基因组大小为 97 Mb(约 10^8 bp),它有 1 对性染色体和 5 对常染色体,是基因组最小的高等真核生物之一,约为人类基因组的 1/30。预测有编码基因 19717 个,其基因普遍小于哺乳动物,内含子少,基因密度高。

在这 19717 基因中,大约 35% 在人体具有同源基因,其中包括许多的致病基因。而另外大约有 58% 是线虫特有的。C. elegans 的基因组比较均一,36% 的 GC 含量在各条染色体上也基本一致,没有固定的着丝粒。与其他真核生物基因都是产生单顺反子 mRNA 不同,C. elegans 与原核生物相似,有 25% 左右的基因产生多顺反子 mRNA(Polycistronic mRNA)。还有一个特点是其基因组中非重复序列比例高达 83%,而高等的真核生物都在 50% 以下,在这些特点上都较接近原核生物,这也反映其在进化中的地位较为原始。

五、研究热点

1. 细胞程序性死亡及其与疾病发生的关系

正常生命过程需要细胞分裂产生新细胞,也存在着细胞死亡来使机体维持平衡。一个成年人体内每天都有超过一万亿个细胞产生。同时,相等数量的细胞通过一种受控制的“自杀性过程”而死亡,这一过程即为细胞程序性死亡。细胞程序性死亡的知识有助于我们了解一些病毒和细菌侵入人体细胞的机制。我们知道在艾滋病、神经变性疾病、中风以及心肌梗死这些疾病中,细胞因过多死亡而丧失功能。而另一些疾病(如自身免疫病及癌症)则以细胞死亡的减少为特征的,导致正常情况下注定死亡的细胞的存活。

C. elegans 发育过程中 1090 个细胞中的 131 个细胞发生死亡;这种自然细胞死亡是由一组特别基因控制的。John Sulston 发现 C. elegans 中特定的基因控制细胞的死亡程序。他阐述了包括 nuc-1 基因在内的参与细胞程序性死亡的基因的最初的突变。他还证明由 nuc-1 基因编码的蛋白质是死亡细胞的 DNA 降解所必需的。

Robert Horvitz 报道了两个真正的“致死基因”:ced-3 和 ced-4。他证明功能性 ced-3 及 ced-4 基因是细胞死亡得以完成的一个先决条件。后来,Horvitz 博士又证明另一个基因 ced-9 可通过与 ced-4 和 ced-3 的相互作用来阻止细胞死亡。

在人体中,有一个在进化上很保守的诱导细胞死亡的信号途径。在这个途径中有类似 ced-3、ced-4 和 ced-9 的分子参与。因此,了解这个及其他控制细胞死亡的信号途径对于医学来说至关重要。

2. RNA 干涉(RNAi)

科学家们最早在矮牵牛花中发现了 dsRNA(double-strand RNA)诱导的 RNA 沉默现象,发现转基因病毒可以编码具有沉默功能的基因片段,并在复制过程中产生 dsRNA,但针对 RNA 沉默现象的决定性发现还是由安德鲁·菲尔(Andrew Fire)和克雷格·梅洛(Craig Mello)首先完成的:将反义 RNA 和正义 RNA 同时注射到秀丽隐杆线虫比单独注射反义 RNA 诱导基因沉默的效率高 10 倍。由此推断,dsRNA 触发了高效的基因沉默机制并极大降低了靶 mRNA 水平。这是一个有关控制基因信息流程的关键机制,人们将这一现象命名为 RNAi。安德鲁·菲尔和克雷格·梅洛因为发现这一关键机制而获得 2006 年诺贝尔生理或医学奖。

植物、动物、人类中都存在 RNA 干涉现象,这对于基因表达的调控、参与对病毒感染的防护、控制活跃基因具有重要意义。RNA 干涉已经作为一种强大的"基因沉默"技术而出现,并作为研究基因功能的重要手段已被广泛应用于基础科学研究。

六、各类研究资源

随着线虫测序计划的完成,产生大量的序列数据和 EST 数据,下面列出一些线虫研究和数据库的网址:

线虫数据库 ACeDB:http://www.acedb.org/

C. elegans 基因组序列:http://www.sanger.ac.uk/Projects/C_elegans/

其他 *C. elegans* 网上资源:

http://www.nematodes.org/Caenorhabditis/

http://www.wormbase.org/

http://elegans.swmed.edu/

http://biosci.umn.edu/CGC/

http://elegans.swmed.edu/Worm_labs/

第六节　小　　鼠

一、小鼠简介

小鼠,学名 *Mus musculus*,在生物分类学上属脊椎动物门、哺乳纲、啮齿目、鼠科、小鼠属动物。小鼠体型小,易于饲养管理;繁殖周期短,一年产 6～10 胎,每胎产仔 8～15 只,非常适合遗传分析。由于小鼠和人类基因组高度同源,生理生化及发育过程基本相同,对环境和药物的反应也及其相似,小鼠已经成为建造人类疾病相关模型及研究发病机制的最重要实验动物。

二、模式生物小鼠的演化历程

6000 万年前鼠属就已在地球上出现了,但是家鼠直到最后一次冰川期末期(约公元前8000 年)前才成为一个不同的种。

1905 年,法国遗传学家 Lucien Claude Cuéno 对黄白相间的杂色鼠进行研究,发现两个携带黄色皮毛基因的老鼠之间交配,其子代老鼠中黄色老鼠和白色老鼠的数量比总是2∶1。这是报道的第一个等位纯合致死的基因。

1909 年,来自于 William Castle 实验室的哈佛大学生物学家 Clarence Cook Little 培育出了第一个近亲繁殖的小鼠株系——DBA。他坚信研究遗传物质纯合的老鼠种群将会解开人类疾病的秘密,如癌症的原因。DBA 株系是公认的第一个现代实验鼠株系,并且到今天它仍然是遗传学实验室中的重要实验材料。

1916 年,Clarence Little 和 Ernest Tyzzer 发现在同一株系小鼠间进行肿瘤移植不会产生排斥现象,但不同株系间的移植则会发生排斥反应。他们的研究发现,几个显性的基因决定了肿瘤移植后是否产生排斥反应。Jackson 实验室的 George Snell 对此问题进行了更深入研究,终于在 20 世纪 40 年代发现了组织相容性基因。这项重要的发现开辟了免疫学研究的新时代,Snell 也因此荣获了 1980 年的诺贝尔奖。

1921 年,Clarence Little 将从 Abbie Lathrop 的农场里买回来的一只编号为 57 的雌性小鼠的后代培育成了著名的 C57BL 的小鼠株系。C57BL 是使用最广、最重要的小鼠株系之一,并且它的基因组测序在 2002 年完成并公布于世。

1929 年,在 Edsel Ford 和 Roscoe Jackson 的资助下,Clarence Little 在美国缅因州 Bar Harbor 建立了 Jackson 实验室。该实验室随后成了世界上最重要的老鼠遗传学研究中心之一。

1972 年,Jackson 实验室设计了第一个哺乳动物遗传学计算机数据库,取代了以往的卡片式文件数据库。该数据库是后来服务于小鼠基因组测序项目的"小鼠基因组数据库"的前身。

1982 年,Richard Palmiter 和 Ralph Brinster 领导的一个小组将一个能够被锌调控的DNA 元件与大鼠的生长激素基因连在一起,并将其注射到受精的小鼠胚胎中,从而培育出了第一批转基因小鼠。这些转基因小鼠长期取食含有足量锌的食物后,就会长得非常大。转基因小鼠的出现掀起了遗传学研究的新浪潮。

1987—1989 年,Martin Evans,Oliver Smithies 和 Mario Capecch 领导的几个研究小组对胚胎干细胞中特定目标基因进行失活,培育出了第一只基因敲除小鼠。

1999 年,人类基因组三个主要测序中心(The Wellcome Trust Sanger Institute,The Whitehead Center for Genome Research 和 Washington University Genome Sequencing Center)成立了一个相互协作的小鼠基因组测序机构,取名为小鼠基因组测序协会(Mouse Genome Sequencing Consortium,MGSC)。小鼠基因组测序项目正式启动。到 2002 年,MGSC 扩大到 6 个国家的 26 个研究机构。

2001 年 6 月,美国 Celera Genomics 公司使用散弹法测得了用于销售的小鼠序列草图。散弹法是一种一次性测得基因组全序列的技术。Celera 公司的序列基于四个小鼠株系,其中包括了 DBA 株系,但不包括公共基金项目已经在测的 C57BL/6J 株系。

2002 年 5 月,Richard Mural 等人对 Celera 公司测得的小鼠 16 号染色体序列作了分析,并将结果发表在 Science 上。他们发现该染色体上有一大段区域与已被分析的人类 21 号染色体序列高度相似。

2002 年 8 月,小鼠基因组物理图谱公布。12 月,小鼠基因组测序协会发表了一份高质量的小鼠基因组序列草图,并且同时对 C57BL/6J 小鼠株系做了分析。这个基因组大小约为 2.5×10^9 bp,比人类基因组要小,预计的基因也少于 30,000 个。

三、小鼠主要品种、品系

小鼠的品种和品系繁多,可分为近交系、封闭群和突变系三大类群,下面择其主要加以介绍。

1. 近交系(inbred strain)

(1) BALB/c 小鼠:1913 年,Bagg 从美国商人 Ohio 处购得白化小鼠原种,以群内方法繁殖。MacDowell 在 1923 年开始作近交系培育,至 1932 年达 26 代,命名为 BALB/c 品系。

(2) C3H/He 小鼠:由 Strong 于 1920 年用 Bagg 白化雌鼠与 DBA 雄鼠杂交后经连续全同胞近交而育成。

2. 封闭群(closed colony),又称远交群(outbred stock)

(1) KM 小鼠:即昆明小鼠,1926 年美国 Rockfeller 研究所从瑞士引入白化小鼠培育成 Swiss 小鼠,1944 年被引入中国,最初引入地是昆明,故得名。

(2) ICR 小鼠:Hauschka 用 Swiss 小鼠群以多产为目标,进行选育,以后美国癌症研究所(Institute of Cancer Researcch)分送各国饲养实验,各国称为 ICR。

(3) NIH 小鼠:由美国国立卫生研究院(NIH)培育而成,该小鼠的特点是繁殖力强,产仔成活率高,雄性好斗。

(4) CFW 小鼠:起源于 Webster 小鼠,1935 年英国 Carwarth 从 Rockeffler 研究所引进,经过 20 代近亲兄妹交配后,采用随机交配而成。

(5) LACA 小鼠:CFW 小鼠引进英国实验动物中心后改名为 LACA。

3. 突变系(mutant strain)

(1) nude 小鼠:即裸小鼠。1962 年,英国在非近交系小鼠中偶然发现个别无毛小鼠。两年后,Flanagan 证实是不同于一般无毛小鼠的突变种,取名为 nude 小鼠。

(2) Scid 小鼠:即重度联合免疫缺陷小鼠,于 1983 年在美国发现,Scid 小鼠由位于第 16 对染色体,被称为 Scid 的单个隐性突变基因所导致。

四、小鼠基因组

小鼠有 20 对染色体(19 对加两条性染色体),共有约 25 亿个碱基对。2002 年,小鼠基因组测序协会在"Nature"上发表了小鼠的基因图谱,该工作表明小鼠的基因数目在 30,000 左右,而且有 99％的基因都能在人基因组中找到相应的同源基因。人与鼠有着相近的基因数量,相似的基因结构,却有着迥然不同的表型与性状,这又一次很清晰地向我们表明非编码区(non-coding region)和基因调控(gene regulation)研究的重要性! 小鼠的基因组信息是研究人类基因组信息和开展生物医学领域研究的一个关键的信息工具。

五、模式生物小鼠资源相关链接

http://www.informatics.jax.org/

http://www.mouse-genome.bcm.tmc.edu/

http://www.ncbi.nlm.nih.gov/genome/guide/mouse/

http://mouse.ornl.gov/mmdb/

http://www.mmrrc.org/

http://www.tnmouse.org/

http://www.neuromice.org/

第七节 水 稻

水稻属须根系,不定根发达,穗为圆锥花序,自花授粉,一年生栽培谷物,原产亚洲热带,是世界主要粮食作物之一。我国水稻播种面积占全国粮食作物的1/4,而产量则占一半以上。栽培历史已有6000~7000年,为重要粮食作物。除食用颖果外,可制淀粉、酿酒、制醋,米糠可制糖、榨油、提取糠醛,供工业及医药用;稻秆为良好饲料及造纸原料和编织材料,谷芽和稻根可供药用。

水稻除了是主要的粮食作物外,还是遗传研究的主要模式植物。水稻基因组测序的完成,对水稻生长发育、品种改良、抗逆等分子水平的研究提供了重要的遗传信息,同时也给应用研究提供了基础。

一、水稻作为遗传研究模式植物的优点

1. 基因组较小,约为400Mb,分布在12条染色体上,是作物基因组中最小的,仅为拟南芥120Mb的4倍,玉米2500Mb的1/6,大麦5300Mb的1/13;

2. 水稻基因组与禾谷类其他作物基因组具有共线性;

3. 遗传转化的易操作性和较强的再生能力;

4. 较详细的基因组作图,水稻基因组测序已完成;

5. 生育期较短,一般为90~160天;

6. 分布范围较广,从低海拔到海拔2000 m都有种植;

7. 品种较多,类型变化幅度较大。

这些为水稻研究提供了许多便利条件,加上分子生物学技术的快速发展及其在植物发育研究中的广泛应用,水稻分子生物学的研究已深入到分子水平,并已取得可喜的成果。

二、水稻的生活史

水稻的生活史可分为:

幼苗期:秧田期。

秧苗分蘖期:返青期;有效分蘖期;无效分蘖期。

幼穗发育期:分化期;形成期;完成期。

开花结实期:乳熟期;蜡熟期;完熟期。

水稻的一生要经历营养生长和生殖生长两个时期。营养生长期主要包括幼苗期和分蘖期。营养生长期的主要生育特点是根系生长,分蘖增加,叶片增多,建立一定的营养器官,为以后穗粒的生长发育提供可靠的物质保障。水稻生殖生长期主要包括拔节孕穗期、抽穗开花期和灌浆结实期。生殖生长期的主要生育特点是长茎长穗、开花、结实,形成和充实籽粒,这是夺取高产的主要阶段,栽培上尤其要重视肥、水、气的协调,延长根系和叶片的功能期,提高物质积累转化率,达到穗数足,穗型大,千粒重和结实率高。

三、水稻的栽培方法

1. 田间种植

以前一直采用的是将秧苗移栽至大田,到最后结穗收割,而现在一般采用直播方式。水

稻种植对温度、湿度和日照时间有一定的要求。

水稻喜高温、多湿、短日照,对土壤要求不严,水稻土最好。幼苗发芽最低温度 10～12℃,最适 28～32℃。分蘖期日均 20℃以上,穗分化适温 30℃左右;低温使枝梗和颖花分化延长。抽穗适温 25～35℃。开花最适温 30℃左右,低于 20℃或高于 40℃,受精受严重影响。相对湿度 50％～90％为宜。穗分化至灌浆盛期是结实关键期;营养状况平衡和高光效的群体,对提高结实率和粒重意义重大。抽穗结实期需大量水分和矿质营养;同时需增强根系活力和延长茎叶功能期。每形成 1 kg 稻谷约需水 500～800 kg。

影响水稻分布和分区的主要生态因子:① 热量资源一般≥10℃积温 2000～4500℃ 的地方适于种一季稻,积温 4500～700℃的地方适于种两季稻,积温 5300℃是双季稻的安全界限,积温 7000℃以上的地方可以种三季稻;② 水分影响水稻布局,体现出"以水定稻"的原则;③ 日照时数影响水稻品种分布和生产能力;④ 海拔高度的变化,通过气温变化影响水稻的分布;⑤ 良好的水稻土壤应具有较高的保水,保肥能力,又应具有一定的渗透性,酸碱度接近中性。

2. 实验室培养

主要采用水培的方法。水稻水培液采用国际水稻所配方(表 10)。

表 10　水稻水培液配方

元　　　素		试剂(分析纯)	浓度(g/10L)
1. N		NH_4NO_3	914
2. P		$NaH_2PO_4 \cdot 2H_2O$	403
3. K		K_2SO_4	714
4. Ca		$CaCl_2$	886
5. Mg		$MgSO_4 \cdot 7H_2O$	3240
6.	Mn	$MnCl_2 \cdot 4H_2O$	15.0
	Mo	$(NH_4)6 \cdot Mo_7O_{24} \cdot 4H_2O$	0.74
	B	H_3BO_3	9.34
	Zn	$ZnSO_4 \cdot 7H_2O$	0.35
	Cu	$CuSO_4 \cdot 5H_2O$	0.31
	Fe	$FeCl_3 \cdot 6H_2O$	77.0
		柠檬酸水合物	119

按表分别配制这六种盐类的母液,使用时每 4L 培养液各加每种母液 5 ml 最后培养液里再加进硅酸钠溶液,每升溶液含硅酸钠 100～300 mg。

四、水稻基因组概况

水稻基因组研究计划发起于 1998 年,旨在解码水稻的所有遗传信息。INE 基因组数据库整合了迄今为止已累计的水稻基因组信息,并且把它们与基因组序列相关联。数据库包括水稻的遗传图谱,由酵母人工染色体(YAC)克隆构建的物理图谱和 P1 来源的人工染色体(PAC)构建的重叠群。这些图谱都以图像界面形式显示,因此水稻每条染色体上遗传标记都很容易分辨。2002 年 12 月 18 日,国际水稻基因组测序计划工作组在东京宣布,国际水稻基因组测序计划已圆满完成,共测定碱基对 3 亿 6 千 600 万个,精确度达到 99.99%,并预测遗传基因 62435 个。该工程的完成将使人们可以利用遗传途径改良水稻品种,并为读解其他谷物的基因排序提供帮助。

基于水稻基因组测序的完成,水稻研究者可以利用基因芯片技术,比以前更快地获得信息。

五、水稻的研究热点

1. 基础研究

(1) 水稻新的功能基因的发掘与鉴定。

(2) 作为单子叶禾本科模式植物,对植物的生长和抗逆在分子水平上有一个整体的了解,从而采用分子手段获得更好的改良品系。

(3) 转基因水稻的应用性。

2. 应用研究

新品种培育——提高水稻的产量、品质和抗逆性(生物和非生物逆境)。

六、水稻相关的网络资源

1. http://bioserver.myongji.ac.kr/ricemac.html

2. http://btn.genomics.org.cn/rice/

3. http://nucleus.cshl.edu/riceweb/

4. http://pgir.rutgers.edu/

5. http://red.dna.affrc.go.jp/RED/

6. http://rgp.dna.affrc.go.jp/

7. http://ricegaas.dna.affrc.go.jp/

8. http://rmd.ncpgr.cn/

9. http://shenghuan.shnu.edu.cn/genefunction/ricemarker.htm

10. http://shigen.lab.nig.ac.jp/rice/oryzabase/

11. http://www.biotec.psu.edu/ptl/transtag.html

12. http://www.botanical.com/botanical/mgmh/r/rice-—15.html

13. http://www.gcow.wisc.edu/Rice/index.htm

14. http://www.genome.arizona.edu/fpc/rice/

15. http://www.genome.clemson.edu/projects/rice/ccw/

16. http://www.genomeindia.org/

17. http://www.gramene.org/

18. http://www.irri.org/

19. http://www.rifgp.ac.cn/chinese/databases/mutantdb.asp

20. http://www.shigen.nig.ac.jp/rice/oryzabase/top/top.jsp

21. http://www.tebureau.mcgill.ca/rice/main.html

22. http://www.tigr.org/tdb/e2k1/osa1/

第八节 杨　树

杨树(*Populus* spp.)具有重要的经济价值,是木本植物功能基因组研究的模式树种。它是被子植物门(Angiosperms)双子叶植物纲(Dicots)杨柳科(Salicaceae)杨属(*Populus*)植物的统称,为雌雄异体(罕见雌雄同体)、风媒授粉植物,在早春会产生大量的花粉和借助于风和水进行传播的棉絮状种子,所有的杨树树种具有无性繁殖的能力。依据不同的分类标准,杨属植物约含 22～75 个生物种,较公认的约 30 种,分为 5 组:白杨组(Section Leuce)、黑杨组(Section Aigeiros)、青杨组(Section Tacamahaca)、大叶杨组(Section Leucoides)和胡杨组(Section Turanga)。其中许多种分布广泛,一些种的分布甚至跨越整个大洲(如 *Populus tremuloides*),只有少数种的分布受到地理限制。

杨树是重要的速生造纸用材树种,它因易于离体培养和容易受土壤农杆菌侵染而成为转基因林木研究的模式植物。我国是杨树资源丰富的国家,从新疆到东部沿海,从黑龙江、内蒙古到长江流域均有分布,现已成为世界上杨树人工林面积最大的国家。杨树因速生丰产、实用性强、分布广、无性繁殖能力强,且基因组较小,因而成为研究林木生理和利用基因工程方法进行遗传改良的理想模式植物。

一、杨树作为遗传学材料的优点

1. 基因组构成精简:单倍体($n=19$)约含 500($\pm$20) Mbp,与水稻相似,仅为拟南芥基因组(120 Mbp)的 4 倍,松属(*Pinus*)植物基因组(20,000 Mbp)的 1/40。

2. 物种丰富,分布广泛:约 30 种,遍及全球,二倍体植株易于杂交,有高质量的作图群体。是世界上中纬度地区广泛栽培的重要树种,并且有较高经济价值,可用于造林、造纸、制作家具等。

3. 童期短、生长快。

4. 很容易进行基因转化,转化方法有农杆菌介导法、PEG 法和基因枪法,转化效率高,同时营养繁殖容易,可产生大量克隆,易于无性繁殖。

5. 严格的异交树种,位点组成高度杂合,已构建较饱和的各种连锁图,获得大量与目标性状相关的分子标记。

6. 很容易进行离体(in vitro)实验和培养,微繁(micropropagation)和再生(regeneration)体系已经十分成熟。

7. 研究基础较好且基因组较小,已经进行大量的遗传作图,并且杨树是第一个测定全基因组序列的多年生植物,并且是第 3 个开展测序的植物。

另外,杨属植物研究已拥有包括形态学家、生理学家、生物化学家、生态学家、遗传学家及分子生物学家的良好学术团队与合作平台。

二、杨树生活史

杨树为雌雄异株,鲜有雌雄同株,其发育周期短,一般 6～10 年成熟,并开始开花结果。花期 5 月,果熟 9 月。

三、杨树培养方法

以山杨的组织培养为例。

1. 材料处理

(1) 在休眠季节采集:枝条采回后,及时修剪成适于保存的枝段,用塑料布包好,保存于4℃冰箱内。接种前选择直径大于 0.8cm 的小枝段于室温下水培,待芽膨大时即用于芽培养的接种。如果用叶片作为外植体应在叶片充分展开后采集。

(2) 在生长季节采集:枝条采回后最好当天接种。

2. 实验用培养基及激素种类

MS 基本培养基:大量元素,微量元素,有机成分,2‰蔗糖,1‰琼脂,pH 值为 5~6。

激素:6 - BA(6 -苄氨基嘌呤),NAA(萘乙酸),IBA(吲哚丁酸)。

3. 研究方法

(1) 外植体处理

接种前要进行外植体的表面消毒处理。选取饱满的芽或叶片,首先用肥皂水冲洗数次,再用自来水冲洗干净,然后用 70% 乙醇消毒 1 min,无菌水冲洗 3 次,在超净工作台中再用3‰次氯酸钠清洗 5 min,无菌水冲洗 3~5 次,即可用于接种。

(2) 培养基配制

采用 MS 培养基作为基本培养基,再根据不同时期的具体需要添加适宜的激素。不同时期采用的培养基类型见附录。

各种培养基配制时除添加表中所列成分外,还要添加 2‰蔗糖,1‰琼脂粉,pH 值调整为 5.8,分装后在 121℃、1.1 kg/cm² 的压力下灭菌 20 min。

(3) 培养过程及培养条件

① 分化培养:将外植体消毒后,接种到分化培养基中。接种过程中要严格进行无菌操作,以免培养材料被污染。接种后,将接种体置于培养室培养,培养温度控制在 25℃左右,每天照光 10 h,光强要大于 3000 lx。

② 继代培养:接种体 4 周继代 1 次,连续继代培养 3 次以上,就可以形成多丛分化苗。

③ 生根培养:当分化苗高度大于 2cm、直径约 2 mm 时,由茎基部剪断接入生根培养基,1 周左右即可看到幼根。根系生长需要充足的光照才能长出健壮的根系,否则根的生长细弱,影响移栽成活率。经过 3~4 周培养,试管苗已具有了发达、健壮的根系,苗茎已初步木质化,此时即可进行移栽。

四、基因组概况

杨树基因组相对较小,只有 45,000 个基因,因而成为木本植物研究的模式生物。毛果杨(*Populus trichocarpa*)或称黑色三角叶杨(black cottonwood,最大的美洲杨树)全基因组19 对染色体 4.8 亿个碱基的测序于 2004 年 9 月 21 日完成,这是林木上第一个、植物上继拟南芥和水稻之后第三个进行全基因组测序的物种。目前,已构建相对饱和的各种连锁图,并获得了大量与目标性状相关的 QTLs。通过杨树近缘树种的遗传作图比较研究发现,不同树种的基因组存在良好的标记共线性。此外,研究还表明杨树和拟南芥基因组中有 13,019对序列一致性平均达 93% 的同源基因,杨树和拟南芥基因组间存在大量进化上的微观共线性区域,这有利于杨树功能基因的分离与鉴定。Stirling 等通过比较生物信息学的方法研究了杨树与拟南芥基因组间的相似关系,并认为在基因组进化过程中,杨树与拟南芥基因组间即使不存在基因间的共线性,也在很大程度上存在保守的微观共线性及同线性。

五、研究热点

林木占陆地生态系统生物量的90%以上,林业和木材加工业对全球经济的贡献重大,因此林木的研究受到了相当的重视。其中,杨树因被誉为林木中的拟南芥而成为研究林木的焦点。

1. 分子标记在杨树育种上的应用

(1) 指纹图谱分析

目前指纹图谱主要是指 DNA 水平的分子标记技术。杨树遗传变种丰富,利用分子标记技术对杨树无性系进行鉴定,有利于保护遗传资源。S. Castiglione 等人利用 RAPD 标记对杨树不同种的无性系进行分析,结果表明,利用 RAPD 技术可以鉴别出形态上没有差别的无性系,生长在不同地点的同一无性系植株其指纹没有差异。高建明等人采用 AFLP 对不同组的多个重要杨树品种(无性系)进行了研究,结果表明,不仅组间不同品种之间存在着差异性,而且还对我国的原有品种和外来品种进行了区分。

(2) 构建遗传图谱

国际上已经对 30 多个树种的遗传图谱构建和数量性状基因位点的定位进行了研究。H. D. Bradshaw Jr 和 M. Villar 等利用 3 种不同的分子标记 RFLP、STS、RAPD 构建了包括 343 个分子标记的遗传连锁图谱,其中有 111 个 RAPD 标记,15 个 RFLP 标记,17 个 STS 标记。我国也构建了响叶杨和银白杨的分子标记连锁图谱。苏晓华等利用 RAPD 方法构建了第一张美洲黑杨×青杨分子连锁图谱。该图谱由 20 个连锁群、110 个 RAPD 标记组成。总图距覆盖基因组总长度的 70.5%,标记间平均间距为 17.27cM。

(3) 数量性状位点定位

目前,在 QTLs 作图中,较常用的方法为方差分析法、区间作图法和复合区间作图法。杨树的 QTL 定位工作主要集中于重要的经济性状,如生长、材性和抗性等。苏晓华等人利用数量遗传学和 RAPD 标术,对美洲黑杨与青杨杂交产生的 F_2 群体 5 个叶片数量性状进行了相关联标记及其图谱定位研究。

2. 抗性方面的研究

杨树的生长要受到周围环境的影响,其抗性(包括遗传因素、分子机制和生理生化乳制)的研究已成为热点。

(1) 抗药性研究

Fillatti 首先将除草剂草膦抗性基因导入银白杨×大齿杨无性系中,得到了具有抗除草剂性能的转基因植株,开创了杨树抗除草剂研究的先河。随后又成功地将抗除草剂基因转入美洲黑杨。

(2) 抗虫

利用植物基因工程技术,将目的基因转入到植物体内,可以改变植物的性状,缩短育种期限。分子抗虫育种,就是把杀虫蛋白基因转入植物中,在植物体内表达,使植物获得对某些昆虫的抗性,这种方法具有化学和生物农药无法比拟的优点,不会造成环境污染。目前,已经开发了一些抗虫基因,如,苏云金杆菌杀虫晶体蛋白基因、蛋白酶抑制剂基因以及植物凝集素基因(即 Lec 基因),同时,还包括一系列正在研究的淀粉酶抑制剂基因、营养杀虫蛋白基因、蜕皮激素和昆虫病毒素基因等。

（3）抗病

杨树的主要病害有杨树溃疡病，烂皮病和锈病等，病害会导致杨树的减产。目前主要研究树皮内的过氧化物酶、多酚氧化酶、苯丙氨酸解氨酶，常量元素及次生代谢物与抗病性的关系。过氧化物酶、多酚氧化酶、苯丙氨酸解氨酶与溃疡病有关。国外已利用分子标记以及克隆的方法培育出了大量的抗病株系。

（4）抗旱与耐盐

国内对抗旱和耐盐的机制做了大量的研究，结果证明，在细胞内积累的脯氨酸、甜菜碱、山梨醇、海藻糖等与抗旱耐盐密切相关。一些与抗旱耐盐有关的基因已经转入到杨树体内，从而得到了抗旱耐盐的杨树。

六、各类研究资源

http：//www. ornl. gov/sci/ipgc/home. htm

http：//www. poppel. fysbot. umu. se/

http：//www. biochem. kth. se/PopulusDB/index. html

http：//genome. jgi-psf. org/Poptr1_1/Poptr1_1. home. html

第九节　其他已经基因组测序的生物

根据 NCBI(National Center for Biotechnology Information,美国国立生物技术信息中心)的统计,已经完成基因组测序的物种有 707 个,已经完成基因组草图的有 642 个,正在进行测序工作的有 687 个。

一、微生物

完成全基因组测序的微生物有近 700 个,完成基因组草图的有 500 个,正在进行的也有 500 多个,以下将列举几个较典型的微生物基因组。

1. 流感嗜血杆菌

流感嗜血杆菌是最早完成全基因组测序的单细胞微生物,其基因组全长 1.8Mb,由 TIGR (美国基因组研究所)首次采用全基因组随机测序法(shotgun sequencing)进行测序,于 1995 年完成全部工作。

2. 枯草芽孢杆菌

枯草芽孢杆菌是最早被人类研究的细菌之一,在 1872 年被命名为 *Bacillus subtilis*。一直以来,枯草芽孢杆菌作为细胞分化和发育的模型被科学家们广泛研究,其基因组测序工作于 1990 年开始,由欧洲的实验室发起,中途又有日本的实验室加入,最后于 1997 年完成,其基因组全长约 4Mb。

3. 幽门螺杆菌

幽门螺杆菌是引发人类慢性活动性胃炎和消化性溃疡的重要病原菌,与胃癌和胃淋巴样组织淋巴瘤的发生也高度相关。幽门螺杆菌菌株 26 695 和 J99 基因组测序工作分别于 1997 年和 1999 年完成,其基因组全长约 1.6Mb。

二、植物

1. 衣藻

衣藻是一种单细胞水生藻类,由于它很强的适应性和较短的繁殖周期,长期以来,衣藻是科学研究的重要模型之一。衣藻是单倍体,有 17 条染色体,基因组长约 120Mb,有约 15,000 个基因。

2. 葡萄

葡萄不仅是一种水果,也是重要的酿酒原料,是人类完成基因组测序的第一种水果作物,由法国和意大利组成的科学家团队于 2007 年完成。葡萄是二倍体植物,有 $2n=38$ 条染色体,全基因组长约 500Mb。

3. 番木瓜

番木瓜是分布于热带和亚热带的常绿果树,是继拟南芥、水稻、白杨和葡萄之后,科学家迄今破译的第五种被子植物(即开花植物)的基因组序列,将为研究开花植物的进化提供新信息,其基因组有 9 对染色体,全长 372Mb。

三、动物

1. 家蚕

家蚕是人类最早驯化的动物之一,用于丝绸生产已有近 5000 年历史,其基因组草图由我国科学家于 2004 年完成,家蚕全基因组有 4 亿 5 千万个碱基对,有 18,510 个基因。

2. 鸡

鸡在人类饮食和经济发展中扮演着重要角色,在生物医学研究中也得到广泛应用,是研究胚胎和发育的重要模型生物之一。其基因组草图于 2004 年由美国科学家完成,全基因组有 10 亿个碱基对,包含 20000～23000 个基因。

3. 家猪

猪不但是人类重要的肉食来源,也是重要的医学研究模型,其基因组有 18 对常染色体和 2 条性染色体,由丹麦和中国科学家对其进行测序工作,至 2005 年已完成 3.84Mb。

资源部分参考文献

[1] Yong Zhang, et al. Poplar as a model for forest tree in genome research. *Chinese Bulletin of Botany*, 2006,23(3): 286—293.

[2] Dayton HW, Richard BM, Scott AM. Expression of foreign genes in transgenic yellow Poplar plants. *Plant Physiol*,1992,98: 114—120.

[3] Brunner AM, Busov VB, Strauss SH. Poplar genome sequence, functional genomics in an ecologically dominant plant species. *Trends Plant Sci*,2004,9: 49—56.

[4] Jihong Fan, et al. Study on tissue culture techniques of *Populus* Davidiana Dode. *Journal of Beijing Agricultural Vocation College*,2005,19: 10—13.

[5] Stirling Bet al. Comparative sequence analysis between orthologous regions of the *Arabidopsis* and *Populus* genomes reveals substantial synteny and microcollinearity. *Can J For Res*, 2003,33,2245—2251.

[6] Castiglione S,Wang G,Damiani G,et al. RAPD fingerprints for identification and for taxonomic studies of elite poplar clones. *Theor Appl Genet*, 1993,87 (1—2): 54—59.

[7] 高建明,张守攻,齐力旺,等. 杨树重要品种(无性系)的 AFLP 指纹分析. 云南植物研究,2006,28(1): 85 —90.

[8] Bradshaw HD, Stetter RF. Molecular genetics of growth and development in *Poparlus*. I. Trip loidy in hybrid polar. *Theor Appl Genet*, 1993,86: 301—307.

[9] 苏晓华,张绮纹,郑先武,等. 美洲黑杨×青杨分子连锁图谱的构建. 林业科学,1998,34(6): 29—37.

[10] 苏晓华,李金花,陈伯望,等. 杨树叶片数量性状相关联标记及其图谱定位研究. 林业科学,2000,36(1): 33 —36.

[11] Fillatti JJ,Sellner J,Mccown B. Agrobacterium mediated transformation and regeneration of Populus. *Mol Gen Genet*,1987,206: 192—199.

[12] Goff SA,Ricke D,Lan TH, et al. A draft sequence of the rice genome(*Oryza stativa* L. ssp. *japonica*). *Science*,2002,296(5): 92—100.

[13] Komatsu S,Konishi H,Shen S,et al. Rice proteomies: A step toward functional analysis of the rice genome. *MolCel Proteomies*,2003,2(1): 2—10.

[14] Shu Ouyang, Wei Zhu, and Robin Buellc. The TIGR rice genome annotation resource: improvements and new features. *Nucleic Acids Res*, 2007,35: 883—887.

[15] Goff SA,Ricke D,Lan TH,Presting G,et al. A draft sequence of the rice genome (*Oryza sativa* L. ssp. *japonica*). *Science*,2002,296: 92—100.

[16] Yu J,Hu S,Wang J,Wong GK,et al. A draft sequence of the rice genome (*Oryza sativa* L. ssp. *indica*). Science,2002,296: 79—92.

[17] Yu J,Wang J,Lin W,Li S,et al. The genomes of *Oryza sativa*: a history of duplications. *PLoS Biol*,2005,3: e38.

[18] The International Rice Genome Sequencing Project. The map-based sequence of the rice genome. *Nature*,2005,436: 793—800.

[19] Brenner S. The genetics of *Caenorhabditis elegans*. Genetics,1974, 77: 71—94.

[20] Sulston JE and Horvitz HR. Post-embryonic cell lineages of the nematode,*Caenorhabditis elegans*. *Dev Biol*,1977, 56: 110—156.

[21] Sulston JE,Schierenberg E,White JG,and Thomson JN. The embryonic cell lineage of the nematode *Caenorhabditi selegans*. *Dev Biol*, 1983, 100: 64—119.

[22] The *C. elegans* sequencing consortium,genome sequence of the nematode (*C*) elegans: a platform for investigating biology. *Science*,1998,282: 2012—2018.

[23] Culetto E and Sattelle DB. A role for *Caenorhabditis elegans* in understanding the function and interactions of human disease genes. *Hum Mol Genet*, 2000, 9: 869—877.

[24] Horvitz R,Ellis and Sternberg P. Programmed cell death in nematode development. *Neurosci Commentaries*, 1982,1: 56—65.

[25] Hengartner M,Ellis R and Horvitz HR. *C. elegans* gene ced-9 protects cells from programmed cell death. *Nature*, 1992,356: 494—499.

[26] Korsmeyer S J. BCL-2 gene family and the regulation of programmed cell death. *Cancer Res (Suppl)*,1999,59: 1693s—1700s.

[27] Hengartner MO. and Horvitz HR. *C. elegans* cell survival gene ced-9 encodes a functional homolog of the mammalian proto-oncogene bcl-2. *Cell*, 1994,76: 665—676.

[28] Vaux DL,Weissman L and Kim S. Prevention of programmed cell death in *Caenorhabditis elegans* by human bcl-2. *Science*,1992,258: 1955—1957.

[29] Napoli C,Lemieux C,Jorgensen R. Introduction of achalcone synthase gene into *Petunia* results in reversible co-suppression of homologous genes in trans. *Plant Cell*,

157

1990,2：279—289.

[30] Fire A，Xu S，Montgomery MK，et al. Potent and specific genetic interference by double-stranded RNA in *Caenorhabditis elegans*. *Nature*. 1998,391(6669)：806—811.

[31] Fleischmann RD，et al. Whole-genome random sequencing and assembly of *Haemophilus influenzae* Rd. *Science*,1995,269(5223)：496—512.

[32] Kunst F，Ogasawara N，Moszer I，Yoshikawa H，Danchin A. The complete genome sequence of the Gram-positive bacterium *Bacillus subtilis*. *Nature*，1997,390：249—256.

[33] Tomb JF，et al. The complete genome sequence of the gastric pathogen *Helicobacter pylori*. *Nature*,1997,388(6642)：539—547.

[34] Alm RA，et al. Genomic-sequence comparison of two unrelated isolates of the human gastric pathogen *Helicobacter pylori*. *Nature*,1999,397(6715)：176—180.

[35] Merchant SS，et al. The Chlamydomonas genome reveals the evolution of key animal and plant functions. *Science*,2007,318(5848)：245—250.

[36] Jaillon O，et al. The grapevine genome sequence suggests ancestral hexaploidization in major angiosperm phyla. *Nature*,2007,449(7161)：463—467.

[37] Ming R，et al. The draft genome of the transgenic tropical fruit tree papaya (*Carica papaya* Linnaeus). *Nature*,2008,452(7190)：991—996.

[38] Xia Q，et al. A draft sequence for the genome of the domesticated silkworm (*Bombyx mori*). *Science*,2004,306(5703)：1937—1940.

[39] International Chicken Genome Sequencing Consortium. Sequence and comparative analysis of the chicken genome provide unique perspectives on vertebrate evolution. *Nature*,2004,432(7018)：695—716.

[40] Wernersson R，et al. Pigs in sequence space：a 0.66X coverage pig genome survey based on shotgun sequencing. *BMC Genomics*,2005,6(1)：70.

附　录

一、常用培养基的配制

细菌、酵母培养常用培养基

1. LB 培养基

细菌培养用胰蛋白胨	10 g
细菌培养用酵母抽提物	5 g
NaCl	10 g
葡萄糖	1 g
蒸馏水	至 1000 ml

上述成分完全溶解后用 5 mol/L NaOH 调 pH 至 7.0。

2. YPD 培养基

细菌培养用酵母提取物	10 g
细菌培养用蛋白胨	20 g
葡萄糖	20 g
蒸馏水	至 1000 ml

3. YPAD 培养基

细菌培养用酵母提取物	10 g
细菌培养用蛋白胨	20 g
葡萄糖	20 g
硫酸腺嘌呤	100 mg
蒸馏水	至 1000 ml

注：固体培养基需在上述每 1000 ml 的液体培养基中再加入 20 g 琼脂，再用盐酸调 pH 至 6.0。121℃高压蒸汽灭菌 21 min。待冷却到 55℃后倒平板，倒好的平板倒置储存于 4℃冰箱中。

4. YEP 培养基

细菌培养用酵母提取物	10 g
细菌培养用蛋白胨	10 g
NaCl	5 g
蒸馏水	至 1000 ml

调节 pH 至 7.0，高压灭菌。

5. SC 培养基

SC 培养基(Synthetic Complete Medium)指人工合成的完全培养基，它包括：含氮碱基、碳源和其他一些必需的成分,包括:必须的氨基酸、核苷酸、微量元素及维生素。出于选择的目的,一些特定的氨基酸(比如:亮氨酸、色氨酸、组氨酸)没有加入到其中。对于液体培养基,琼脂不加入。也可使用含有带有硫酸铵的酵母含氮碱基的其他配方。

固体培养基配制步骤:

(1) 准备好下列溶液:40%葡萄糖溶液、20 mmol/L 尿嘧啶、100 mmol/L 组氨酸—盐酸、100 mmol/L 亮氨酸、40 mmol/L 色氨酸

(2) 将 40%的葡萄糖溶液进行高压蒸汽灭菌,对上述氨基酸溶液进行过滤除菌,并将灭过菌的氨基酸溶液放于黑暗的条件下保存,也可以采用锡箔纸包裹保存。

(3) 将下列各种氨基酸和嘌呤碱粉末按等量混匀(例如每种 2～3 g):丙氨酸、精氨酸、天冬氨酸、天冬酰胺、胱氨酸、谷氨酸、谷氨酰胺、异亮氨酸、赖氨酸、甲硫氨酸、苯丙氨酸、脯氨酸、丝氨酸、苏氨酸、络氨酸、缬氨酸和硫酸腺嘌呤。

(4) 如配制 2L 培养基,取两个 2 L 的烧瓶并编号,分别用来装琼脂和液体培养基。

1 号瓶中加入:

去氨基酸的酵母氮碱	13.4 g
上面步骤(3)混匀的粉末	2.7 g

在烧瓶中放置一个干净的搅拌棒,将上述物质溶解于 1 L H_2O 中,用 NaOH 调 pH 至5.9。(保留搅拌棒,以便在高压灭菌后搅拌培养基)

(6) 在 2 号瓶中加入 40 g 的琼脂和 900 ml 的 H_2O。

(7) 高压蒸汽灭菌 20 min。

(8) 灭菌过后,将 2 号瓶中的琼脂加入到 1 号瓶中,在 50℃水浴条件下使其冷却(大约1 h),再加入 100 ml 已灭菌的 40%的葡萄糖溶液。

(9) 根据要鉴定的营养缺陷型的种类,适当加入下列氨基酸(例如:SC-Leu,加入亮氨酸之外的下列其他氨基酸)。

20 mmol/L 尿嘧啶	16 ml
100 mmol/L 组氨酸-盐酸	16 ml
100 mmol/L 亮氨酸	16 ml
40 mmol/L 色氨酸	16 ml

植物组织和细胞培养常用培养基

1. MS 培养基(Murashige Skoog)(pH5.6～5.8)(mg/L)

NH_4NO_3	1650	$Na_2MoO_4 \cdot 2H_2O$	0.25
KNO_3	1900	KI	0.83
$CaCl_2 \cdot 2H_2O$	440	$FeSO_4 \cdot 7H_2O$	27.8
$MgSO_4 \cdot 7H_2O$	370	$Na_2EDTA \cdot 2H_2O$	37.3
KH_2PO_4	170	维生素 B_1	0.4
H_3BO_3	6.2	维生素 B_6	0.5
$MnSO_4 \cdot 4H_2O$	22.3	烟酸	0.5
$CoCl_2 \cdot 6H_2O$	0.025	肌醇	100
$CuSO_4 \cdot 5H_2O$	0.025	甘氨酸	2.0

$ZnSO_4 \cdot 7H_2O$	8.6	蔗糖	30000

2. B5 培养基(Gamborg)(pH5.5)(mg/L)

$NaH_2PO_4 \cdot 2H_2O$	150	$ZnSO_4 \cdot 7H_2O$	2.0
KNO_3	2500	Na_2MoO_4	0.25
$(NH_4)_2SO_4$	134	KI	0.75
$MgSO_4 \cdot 7H_2O$	250	Na-EDTA	37.3
$CaCl_2 \cdot 2H_2O$	150	维生素 B1	10.0
H_3BO_3	3.0	维生素 B6	1.0
$MnSO_4 \cdot 4H_2O$	10.0	烟酸	1.0
$CoCl_2 \cdot 6H_2O$	0.025	肌醇	100
$CuSO_4 \cdot 5H_2O$	0.025	蔗糖	20000
$FeSO_4 \cdot 7H_2O$	27.8		

动物组织和细胞培养常用培养基

1. RMPI-1640 培养基

用天平称取 1640 干粉 10.5 g(根据产品说明)。慢慢加入 1000 ml 双蒸水,摇匀,使之溶解。再加入 1 ml 1‰酚红,37℃水浴溶解 10～30 min,通 CO_2 气本,调节 pH 至 6.0～6.3(使三角瓶中溶液的颜色由红色转为橙黄)。过滤除菌。加入 1‰青、链霉素(终浓度为 100 单位/ml),加前做无菌试验,分装。使用时根据需要配制成工作液:加 10%～20%的小牛血清,再用 5% $NaHCO_3$ 调 pH 至 7.2～7.4。

2. 果蝇培养基

配方Ⅰ:

(1) 将 80 ml 水、2 g 琼脂和 13 g 蔗糖放在大烧杯中煮沸。

(2) 将 80 ml 水、17 g 玉米粉和 1.4 g 酵母粉,装在小烧杯中调匀。

(3) 待大烧杯中琼脂融化后,将小烧杯中调匀的混合液倒入,烧开。

(4) 大烧杯中加入 1 ml 丙酸。

(5) 每一试管分装 1.5～2 cm 高度(5～10 ml)的培养基,注意请勿将培养基碰到管壁。

配方Ⅱ:

A:蔗糖 6.2 g,琼脂 0.62 g,再加 H_2O 38 ml,煮沸溶解。

B:玉米粉 8.25 g,加水 38 ml,加热搅拌均匀后,加 0.7 g 酵母粉。

A 和 B 混合加热成糊状后,加 0.5 ml 丙酸,即可分装到培养瓶中。

配方Ⅲ:

A:琼脂 18 g,H_2O 1300 ml,50 ml Nipagin M(对羟基苯甲酸甲酯钠,用 95% 乙醇配成 10%[W/V]浓度)

B:150 g 葡萄糖,干酵母 30 g,H_2O 400 ml,玉米粉 170 g

将 B 混合搅拌成糊状。A 混合煮沸后,将 B 加入混匀煮沸。分装到培养管中,待培养基干燥冷却后,在培养基表面加入适量干酵母或活酵母悬浮液。

果蝇培养基通常不需要灭菌,配制与分装在无菌条件下进行即可。但如培养基经常出现污染,也可考虑高温高压灭菌处理。

二、常用缓冲液的配制

1. 磷酸盐缓冲液

磷酸氢二钠—磷酸二氢钠缓冲液(0.2 mol/L,25℃)

表 1 - 1

单位:ml

pH	0.2 mol/L Na$_2$HPO$_4$	0.2 mol/L NaH$_2$PO$_4$	pH	0.2 mol/L Na$_2$HPO$_4$	0.2 mol/L NaH$_2$PO$_4$
5.8	8.0	92.0	7.0	61.0	39.0
5.9	10.0	90.0	7.1	67.0	33.0
6.0	12.3	87.7	7.2	72.0	28.0
6.1	15.0	85.0	7.3	77.0	23.0
6.2	18.5	81.5	7.4	81.0	19.0
6.3	22.5	77.5	7.5	84.0	16.0
6.4	26.5	73.5	7.6	87.0	13.0
6.5	31.5	68.5	7.7	89.5	10.5
6.6	37.5	62.5	7.8	91.5	8.5
6.7	43.5	56.5	7.9	93.0	7.0
6.8	49.0	51.0	8.0	94.7	5.3
6.9	55.0	45.0			

2. 各种 pH 值的 Tris 缓冲液的配制

表 1 - 2

所需 pH 值(25℃)	0.1 mol/L HCl 的体积
7.1	45.7
7.2	44.7
7.3	43.4
7.4	42.0
7.5	40.3
7.6	38.5
7.7	36.6
7.8	34.5
7.9	32.0
8.0	29.2
8.1	26.2
8.2	22.9

所需 pH 值(25℃)	0.1 mol/L HCl 的体积
8.3	19.9
8.4	17.2
8.5	14.7
8.6	12.4
8.7	10.3
8.8	8.5
8.9	7.0

某一特定 pH 的 0.05 mol/L Tris 缓冲液的配制：将 50 ml 0.1mol/L Tris 碱溶液与上表 1-2 所示相应体积(单位：ml)的 0.1 mol/L HCl 混合,加水将体积调至 100 ml。

三、一些常用试剂的配制

1. 0.5 mol/L EDTA

在 700 ml 水中溶解 186.1 g EDTA-2Na·$2H_2O$,用 10 mol/L NaOH 调 pH 至 8.0(约 50 ml)。

2. 溴化乙锭(10 mg/ml)：在 100 ml H_2O 中 1 g 溴化乙锭,磁力搅拌数小时确保其完全溶解,用锡箔纸包裹容器或储于棕色瓶中。

3. 40×TAE 缓冲液

1.6 mol/LTris 193.6 g

0.8 mol/L NaAc·$3H_2O$ 108.9 g

40 mmol/L EDTA-2Na·$2H_2O$ 15.2 g

用乙酸调 pH 至 7.2,加水至 1000 ml

4. 10×TBE 缓冲液

108 g Tris 碱

55 g 硼酸

40 ml 0.5mol/L EDTA,pH8.0

加水至 1L

5. 1 mol/L Tris-HCl (pH7.5)

称 121.14 g Tris,溶于 800 ml 水中,并加浓盐酸调至所需 pH。

pH 7.4 约加浓盐酸 70 ml;pH 7.6 约加浓盐酸 60 ml;pH 8.6 约加浓盐酸 42 ml。使溶液冷却至室温,对 pH 做最后调节,将溶液体积调至 1000 ml,分装,高压灭菌。

6. TE 缓冲液(10 mmol/L Tris-HCl,1 mmol/L EDTA)

取 1 mol/LTris 10 ml,取 0.5 mol/L EDTA 2 ml 加水至 1000 ml,高压灭菌。

7. 酚:氯仿

把酚和氯仿等体积混合后用 0.1 mol/L Tris·Cl (pH 7.6)抽提几次以平衡混合物,置棕色玻璃瓶中,上面覆盖等体积 0.1 mol/L Tris·Cl (pH 7.6)液层,保存于 4℃。

8. 磷酸盐缓冲液(Phosphate-buffered Saline, PBS)

NaCl 8 g

KCl	0.2 g
Na$_2$HPO$_4$	1.44 g
KH$_2$PO$_4$	0.24 g

在 800 ml 蒸馏水中溶解上述物质后,用 HCl 调节溶液 pH 值 7.4,加水定容至 1 L,高温高压灭菌后保存于室温。

9. Carnoy 固定液

无水乙醇 3 份,冰醋酸 1 份,二者混合。也可以无水乙醇 6 份,二氯甲烷 3 份,冰醋酸 1 份,三者混合。

10. 秋水仙素溶液

秋水仙素(colchicine)为淡黄色粉末,有毒,溶于水,可用 0.85% NaCl 溶液配制工作液。最终浓度在组织细胞一般为每毫升培养液 0.2~2 μg,动物为每千克体重 8 mg 左右。

秋水仙酰胺(colcemid),毒性比秋水仙素大,作用强,故用量很小,组织培养细胞常用量为每毫升培养液 0.05~0.1 μg。

11. 20 mg/ml 蛋白酶 K(proteinase K)

将 200 mg 蛋白酶 L 加入到 9.5 ml 水中,轻轻摇动,直至蛋白酶 K 完全溶解。不要涡旋混合。加水定容到 10 ml,然后分装成小份贮存于 −20℃。

12. 10 mg/ml RNase(无 DNase)(DNase-free RNase)

溶解 10 mg 胰蛋白 RNA 酶于 1 ml 的 10 mmol/L 的乙酸钠水溶液中(pH 5.0)。溶解后于水浴中煮沸 15 min,使 DNA 酶失活。用 1 mol/L 的 Tris-HCl 调 pH 至 7.5,于 −20℃ 贮存。(配制过程中要戴手套)

13. 10% SDS(十二烷基硫酸钠)

称取 100g SDS 慢慢转移到约含 0.9 L 的水的烧杯中,用磁力搅拌器搅拌直至完全溶解,加热至 68℃ 助溶,加入几滴浓盐酸调节 pH 至 7.2,加水定容至 1 L。10% SDS 无需灭菌。

14. 2.5% X-gal(5-溴-4-氯-3-吲哚-β-半乳糖苷)

溶解 25 mg 的 X-gal 于 1 ml 二甲基甲酰胺(DMF)中,用铝箔包裹装液管于 −20℃ 条件下贮存。

15. DEPC(焦碳酸二乙酯)处理水

加 100 μl DEPC 于 100 ml 水中,使 DEPC 的体积分数为 0.1%。在 37℃ 温浴至少 12 h,然后在 15 psi 条件下高压灭菌 20 min,以使残余的 DEPC 失活。

DEPC 会与胺起反应,不可用 DEPC 处理 Tris 缓冲液。

16. 20 mg/ml 蛋白酶 K(proteinase K)

将 200 mg 的蛋白酶 L 加入到 9.5 ml 水中,轻轻摇动,直至蛋白酶 K 完全溶解。不要涡旋混合。加水定容到 10 ml,然后分装成小份贮存于 −20℃。

17. 30% 丙烯酰胺

将 29 g 丙烯酰胺和 1g N,N′-亚甲双丙烯酰胺溶于总体积为 60 ml 的水中,加热至 37℃ 溶解之,补加水至终体积 100 ml。用 Whatman 1 号滤纸过滤以纯化之。置于棕色瓶中,保存于室温。

18. 6× 凝胶上样液(gel loading solutions)(室温贮存)

配方 I:0.25% 溴酚蓝、0.25% 二甲苯青 FF、40% 蔗糖水溶液

配方 II:0.25% 溴酚蓝、0.25% 二甲苯青 FF、15% 聚蔗糖(Ficoll,400 型)水溶液

配方Ⅲ：0.25％溴酚蓝、0.25％二甲苯青 FF、30％甘油水溶液

四、常用染液配制

1. Giemsa 母液配制方法

Giemsa 粉剂　　　　　　　　　　　　　　　　　　　　　　0.5 g

甘油（分析纯）　　　　　　　　　　　　　　　　　　　　　33 ml

无水甲醇（分析纯）　　　　　　　　　　　　　　　　　　　33 ml

将 Giemsa 粉末先容于少量的甘油，在研钵内研磨（30 min 以上）至看不见颗粒为止，再将全部剩余甘油加入，与 56℃ 温箱内保温 2 h，然后再加入甲醇，搅拌均匀后保存于棕色瓶中。母液配制后放入冰箱可长期保存，一般刚配制的母液染色效果欠佳，保存时间越长越好。

2. 醋酸洋红

先将 100 ml 45％醋酸水溶液放在较大的锥形瓶或短颈平底烧瓶（200 ml）中煮沸，移去火源，然后缓缓加入 1 g 洋红粉末，此时应注意防止溅沸。待全投入后再煮沸 1～2 min 即可。这时可悬入一生锈的小铁钉于染液中，过 1 min 取出，或加 1％～2％铁明矾水溶液 5～10 滴，使染液中略具铁质，颜色更暗红。静置 12 h 后，过滤于一棕色瓶中，储存备用。

3. 卡宝品红

原液 A：称取 3 g 碱性品红（Basic fuchsin）溶于 100 ml 70％乙醇中（可永久保存）。

原液 B：取 10 原液加入 90 ml 5％的苯酚水溶液，在 37℃ 条件下温育 2～4 h（该溶液不稳定，应在 2 周内使用）。

原液 C：取 55 ml 原液 B 加入 3 ml 冰乙酸和 6 ml 甲醛，充分混匀。

卡宝品红染液：取 10～20 ml 原液 C 加入约 80 ml 45％的冰乙酸和 1 g 山梨醇（可永久保存）。

4. Schiff 试剂

配制染液时溶解 0.5 g 碱性品红于 100 ml 煮沸的重蒸水中，待滤液冷却至 26℃ 再加入 10 ml 1 mol/L 盐酸和 0.5 g 偏亚硫酸氢钾（钠），振摇使之溶解，密封瓶口，置于黑暗和低温处，12～24 h 后检查，如果染色液透明、无色或呈淡茶色者即可使用。如果仍有不同程度的红色未褪尽，则可加入 0.5 g 优质活性炭不断振摇，在低温（4℃）静置过夜，过滤后使用。

材料经 Schiff 试剂处理后需用漂洗液漂洗，以除去附着于细胞中的残余染料。漂洗液由 1 mol/L 的 HCl 5 ml、10％偏亚硫酸氢钾（钠）5 ml 和蒸馏水 100 ml 组成。在 Schiff 试剂染色前材料必须用 1 mol/L 盐酸（60±1）℃ 恒温解离。

5. GUS 染液

100 mmol/L 磷酸钠缓冲液（pH 7.0）

1 mmol/L EDTA（pH 8）

1％ Triton-X-100

5 mmol/L 亚铁氰化钾

5 mmol/L 铁氰化钾

1 mg/ml X-Gluc（溶解在一滴 N，N′-二甲酰胺中，新鲜配制）

贮存于 −20℃，可重复使用几次。

五、常用抗生素

抗生素	贮存液浓度	贮存条件	工作浓度
氨苄青霉素（ampicillin）	50 mg/ml（溶于水）	−20℃	25 μg/ml～50 μg/ml
羧苄青霉（carbenicillin）	50 mg/ml（溶于水）	−20℃	25 μg/ml～50 μg/ml
卡那霉素（kanamycin）	10 mg/ml（溶于水）	−20℃	10 μg/ml～50 μg/ml
氯霉素（chloramphenicol）	25 mg/ml（溶于无水乙醇）	−20℃	12.5 μg/ml～25 μg/ml
链霉素（streptomycin）	10 mg/ml（溶于无水乙醇）	−20℃	10 μg/ml～50 μg/ml
四环素（tetracyyline）	5 mg/ml（四环素盐酸盐溶于水，无碱的四环素溶于无水乙醇）	−20℃	10 μg/ml～50 μg/ml

注：

a. 以水为溶剂的抗生素贮存液应通过 0.22 μm 滤膜过滤除菌。以乙醇为溶剂的抗生素溶液无需除菌处理。所有抗生素溶液均应放于不透光的容器中保存。

b. 镁离子是四环素的拮抗剂，四环素抗性菌的筛选应使用不含镁盐的培养基（如 LB 培养基）。